병원 영어 회화
Hospital English

병원 영어 회화 Hospital English

초판 1쇄 인쇄   2010년 03월 10일
초판 1쇄 발행   2010년 03월 20일

지은이 | 채대석
펴낸이 | 손형국
펴낸곳 | (주)에세이퍼블리싱
출판등록 | 2004. 12. 1(제315-2008-022호)
주소 | 157-857 서울특별시 강서구 방화3동 822-1 화이트하우스 2층
홈페이지 | www.essay.co.kr
전화번호 | (02)3159-9638~40
팩스 | (02)3159-9637

ISBN 978-89-6023-349-2 13740

이 책의 판권은 지은이와 (주)에세이퍼블리싱에 있습니다.
내용의 일부와 전부를 무단 전재하거나 복제를 금합니다.

BIG STONE'S
병원 영어 회화

채대석 지음

BIG STONE'S
Hospital English

ESSAY

Preface

    필자가 미 8군에 근무할 당시 너무 황당한 경험을 한 적이 있다.
    영어 단어를 미군 장교가 모른다고 하면서 사전을 찾는 것이었다. 필자는 너무 어이없어서 미국인 맞느냐고 물었고 그 장교는 부시도 철자를 틀린다고 답변했다. 그 후로 필자는 영국 총리 블레어가 철자가 틀려서 사과하는 모습을 매스컴에서 봤으며 TV 프로그램 '미수다'에서는 미녀들이 한결 같이 자기도 모르는 단어, 쓰지도 않는 아주 어려운 단어, 문법을 공부하는 한국 학생들이 불쌍하다고 토로하는 것을 보았다. 우리는 명백하다, 가야 할 길이. 어려운 단어 다 필요 없다. 어려운 문법 다 필요 없다. 들을 수 없고 말할 수 없는데 그게 다 무슨 소용인가? 미국인도 모르는 아주 어려운 문법, 철자를 우리가 틀린들 무슨 흉이 될 것인가? 지금 한국인은 세계에서 가장 공부 열심히 하는 민족이다. 미 대통령 오바마가 거듭 강조하지 않았는가? 그럼 어떻게 할 것인가?

의외로 방법은 간단하다. 기초적인 것은 완전히 이해하고 그 다음은 말하기, 듣기의 반복이다. 쉬운 단어부터 발음을 완벽히 연습하고, 또 연습하고… 우리나라에서 일하는 외국인 근로자들이 한국말 잘하는 것을 보라. 그들이 여러분보다 머리가 좋아서 그럴까? 아니다. 부단한 발성 연습, 반복 연습의 결과다.

필자는 본 교재를 통하여 보다 효율적인 학습에 도움이 되고자 한다. 국내 병, 의원은 물론 의료 관련 학생들, 또한 해외 교포들에게도 조그마한 도움이 되었으면 한다. 특히 본 교재를 학습하는 데 있어서 '발음'에 중점을 두기 바라며 중요 의학용어 포함 문장은 반복 학습토록 권장한다.

아울러 본 교재 특징은

1. 과별 병류별 가장 흔한 질병을 기초로 대화문을 작성하였고
2. Big stone's tip으로 중요 표현 및 단어, 숙어를 정리하였으며
3. 매 상황별 중요 의학용어를 학습토록 유도하였고
4. 특히 환자와 병원 의료인 모두에게 도움이 되도록 본 교재에 필수 의학 용어 1,000단어, 영어회화 기초 문법, 병원 회화 필수 기본형, 전치사의 날개, 영어회화 시 틀리기 쉬운 포인트를 정리, 수록하였다.

또한 본 내용은 실 의료 사실과는 무관한, 가상의 회화 상황을 바탕으로 구성하였으며 끝으로 이 교재가 나오는 데 물심 도와주신 최승철 회장님, 김좌영 사장님, 김승애님, 손민정님, 정양순님, 김정자님, 강기자님, 지시연님 외 모든 분들과 함께 이 기쁨을 함께 하고자 한다.

감사합니다.

영어 회화 학습 포인트 몇 가지

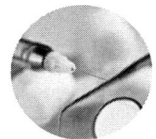

1. 목숨 걸 일
BIG STONE'S Hospital English

- 발음

영어에는 우리말로 표현 될 수 없는 몇 가지 철자가 있는데 그 중에서도 꼭 명심 명심해야 할 철자가 'r', 'f', 'v', 'th' 이다.

이러한 철자 발음은 우리말에는 없다. 함부로 읽어서 이미 혀가 굳어버린다면 나중에 교정할 때는 몇 배의 노력을 투자해야 할 것이다. 일단은 단어에 위의 철자가 들어 있다면 우선 긴장하고 천천히 발음을 해 보아야 할 것이다. 그동안 중학교 고등학교에서 배운 영어가 사장되고 무용지물된 것에 우리는 너무 억울해 한다.

이제 저자가 충고한 단순한 이런 진리를 잘 활용한다면 지금 기억의 창고의 먼지투성이인 영어 단어를 꺼내서 잘 활용할 수 있을 것이다. 사실 저자의 경험을 비추어볼 때 중학교의 영어 실력만 제대로 갖추어도 어느 정도 영어 회화는 구사할 수 있다고 본다.

- 문화적 차이로 인한 표현법 차이를 주목하라.

필자도 처음 영어 회화로 고민할 때 그랬지만, 한국식 표현을 그대로 영어로 변환시켜서는 간간이 우스운 표현이 되곤 한다. 미군장교를 시골집에 데리고 와서는 '등목: 엎드려서 등만 찬물로 씻는 것'을 영어로 표현하려고 무척 애썼던 기억이 있다.

- 큰 소리로 말하라!

음절을 정확히 이해하라!

2. 목숨 걸지 않을 일
BIG STONE'S Hospital English

- 고급 문법

과거 학창시절 시험에 자주 나왔던 내용들, 그중에서도 무지 난해한 것은 잊어라!
우리가 한국말을 느낌으로 받아들여 익힌 것처럼 자연스럽게 넘겨라.

- 빨리 말하기

고급 영어는 결코 빠르지가 않다. 또한 영어도 언어라 잘못 말하면 말 안하느니만 못할 수도
있는 것이다.

BIG STONE'S

병원 영어 회화 Hospital English

Preface _ 4
영어 회화 학습 포인트 몇 가지 _ 6

PART 1   과별 영어회화

Chapter 1   소아과 _ 13
Chapter 2   산부인과 _ 29
Chapter 3   피부과 _ 43
Chapter 4   방사선과 _ 67
Chapter 5   성형외과 _ 83
Chapter 6   정형외과 _ 95
Chapter 7   정신과 _ 107
Chapter 8   내과 _ 121
Chapter 9   이비인후과 _ 139
Chapter 10 치과 _ 163
Chapter 11 종합검진 _ 177
Chapter 12 물리치료 _ 203
Chapter 13 수술실 _ 215
Chapter 14 응급실 _ 229
Chapter 15 원무과 _ 251

Contents

PART 2 　부록

- 필수 의학 용어 단어(1000개) _ 272
- 영어회화의 기초 문법 _ 293
- 병원 회화 필수 기본형(50개) _ 323
- 전치사의 날개(20개) _ 353
- 틀리기 쉬운 포인트(40개) _ 362
- 해외 파견 의료진을 위한 군사용어 _ 390
- 히포크라테스 선서 _ 399

PART 1
과별 영어회화

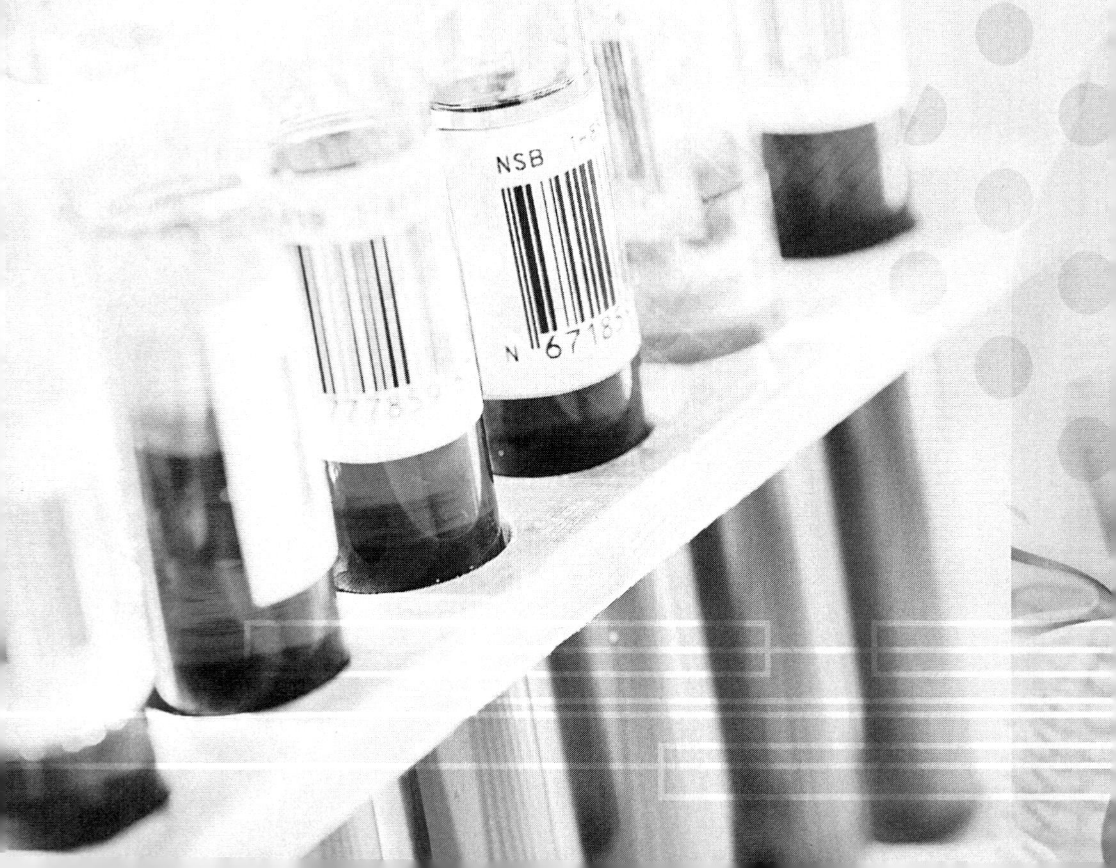

Hospital English

소아과, 산부인과, 피부과, 방사선과, 성형외과, 정형외과, 정신과, 내과, 이비인후과, 치과, 종합검진, 물리치료, 수술실, 응급실, 원무과

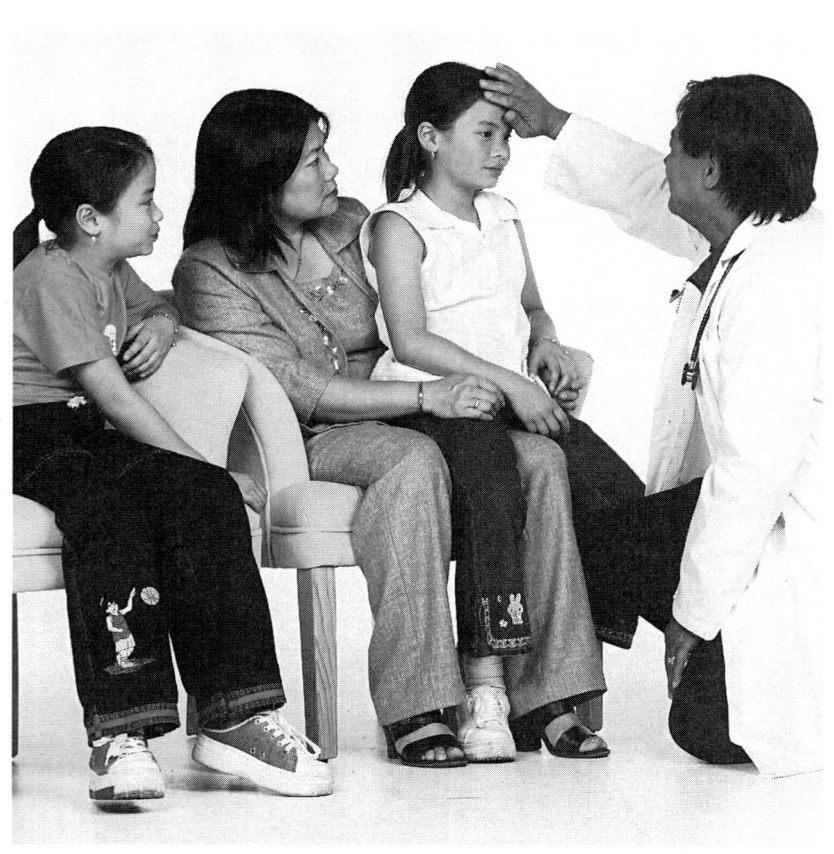

Chapter 1

소아과
Pediatry

감기 Cold, Influenza, Flu

병원 영어 회화 *Hospital English*

P : 애기가 열이 있고 지난밤 밤새도록 보챘어요.

N : 체중을 달아 보겠습니다.
몇 개월 됐지요?

P : 13개월 됐습니다.

D : 어디 보자!
옷을 가슴 위까지 올려주세요!
아~ 해보세요.
목이 많이 부어 있군요.
감기가 중이염과 함께 오는 수도 있습니다.

P : 주사를 맞아야 하나요?

D : 물론이죠. 주사도 맞고 약도 먹어야겠군요.
약은 3일분 지어 드릴게요.
삼일 후에 다시 진찰하지요.

>>> **BIGSTONE'S TIP**

day shift 주간근무, *night shift* 야간근무

P : My baby has a fever and he was fretful all night long.

N : Let me check weight first.
How old is he?

P : He is 13 months old.

D : Let me see him!
Take the shirt upto the chest please!
Say ahhh~.
He's got swollen tonsil.
Otitis could come with flu.

P : Should he take a shot?

D : Certainly, Shot and pills will be needed.
I'll give you pills for 3 days.
Come and see me in 3 days.

>>> **BIGSTONE'S TIP**

It is rip-off. 이거 바가지야.

− 감기에 걸리다	− catch a cold(influenza, flu)
− 밤새 보채다	− fretful all night long
− 체중을 달다	− check weight
− 가슴까지 올리다	− take up to the chest
− 편도선	− tonsil
− 중이염	− otitis
− 주사	− injection, shot

Chapter 1 소아과 Pediatry

장염 Colitis

병원 영어 회화 *Hospital English*

P : 아무것도 먹지 못하고 계속 토하고 설사를 해요.

D : 언제부터 그렇습니까?

P : 어젯밤부터 그랬어요.

D : 그저께 무엇을 먹었습니까?

P : 날이 너무 더워서 아이스크림도 먹고 김밥도 먹었습니다.

D : 장염 같습니다.

P : 음식은 어떻게 먹어야 할까요?

D : 모든 종류의 고기는 드시지 말고, 탈수증이 올수 있으니 따뜻한 보리차를 많이 드십시오.

>>> **BIGSTONE'S TIP**

You fill me in. 나도 끼워줘.
Turn me over. 돌아 누우세요.

P : I have been vomiting without eating anything.

D : When did it happen?

P : It came from last night.

D : What did you try the day before yesterday?

P : It was really hot, I just had ice cream and 'KIMBOB'.

D : It seems like colitis.

P : How do I select food?

D : Don't try all kind of meats and try warm barley tea a lot enough to prevent dehydration.

>>> BIGSTONE'S TIP

오바이트라는 말은 ***over heat***라는 자동차 냉각수 넘침 현상을 뜻합니다. 술 먹고 토하는 것은 ***throw up*** 입니다.

− 장염	− colitis
− 토하다	− vomit, throw up
− 설사	− diarrhea
− 탈수증	− dehydration
− 보리차	− barley tea

예방접종 Vaccination(immunifaction, immunization)

병원 영어 회화 *Hospital English*

P : 애기 예방접종 하려고요.

N : 접종카드를 보여 주시겠습니까?

P : 여기 있습니다.

N : 아! 태어난 지 일주일 되었군요.

P : 네. B. C. G. 접종할 수 있나요?

N : 물론이죠! vital sign을 재겠습니다.
열이 있으면 예방접종을 할 수 없거든요.

P : 오늘 목욕을 시켜도 괜찮습니까?

D : 아니요. 오늘은 목욕을 시키지 마세요.
오늘밤 열이 나는지만 잘 지켜보세요.

>>> **BIGSTONE'S TIP**

bedpan 양변기
deep breath 깊은 숨

P : I'd like to my baby take the vaccination.

N : Would you show me vaccine card please?

P : Here you are.

N : Oh! He's been a just one week.

P : Yeap. Is the B. C. G shot available?

N : Absolutely! I'll check vital sign.
We don't give a shot with fever.

P : Can I take baby a bath today?

D : No don't do that. Not today.
Please only check the fever tonight.

>>> **BIGSTONE'S TIP**

*vaccination, vital*의 **'v'** 발음 조심
Hang in there. 참아.
Lie on your right side. 오른쪽으로 누우세요.

- 예방 접종	- vaccination(immunifaction, immunization)
- B. C. G	- B. C. G(Bacillus Calmette Guerin)
- 목욕(샤워)하다	- take a bath(shower)
- 생체 신호	- vital sign
- 열	- fever
- 미열	- fine fever

Chapter 1 소아과 Pediatry

눈병 Eye disease

D : 눈이 많이 충혈 되었네. 몇 살이니?

P : 11살이에요. 머리가 아프고 눈도 아파요.

D : 요즘 눈이 아파 병원에 오는 아이들이 많단다.

P : 그래서 병원에 사람들이 이렇게 많군요.

D : 언제부터 그랬니? 증상은 어떻지?

P : 찌르듯이 아프고 눈곱이 낍니다.

D : 결막염이네. 안약과 안연고를 함께 사용해라.

P : 전염이 되나요?

D : 그럼! 식구들과도 전염이 안 되도록 주의하고 수건을 따로 사용해야 한다.

P : 알겠어요. 고맙습니다.

D : You have bloody eyes, how old are you?

P : 11 years old. I have a headache and sore eyes.

D : There are many students who have sore eyes in the hospital.

P : That's why many people are in the hospital.

D : When did it start? What kind of symptom is it?

P : It stings and gummy.

D : It's conjunctivitis. Use these eyewash and ointment at a time.

P : Is it infectious?

D : Sure! Be careful your family not being infected and also towel should be used individually.

P : I got it. Thanks a lot.

>>> **BIGSTONE'S TIP**

귀지는 *ear dirt*라고 하지요.

- 충혈	- bloody eyes
- 눈곱	- mucus, gummy
- 결막염	- conjunctivitis
- 안연고	- eye ointment
- 안약	- eyewash - infection

홍역 Measles

P : 여기 아이가 반점이 많이 생겼어요.

N : 어디 배하고 등 좀 볼까요?
기다리다가 의사선생님 진찰 받아보자.

P : 많이 기다려야 되나요?

N : 글쎄. 회진하고 곧 오실 거야.

P : 입원할 수도 있나요?

N : 그럴 수도 있지. 암튼 우선 진찰부터 받아보자.

D : 간호사, 바이탈 사인 좀 체크해주세요.
빨리요.

N : 예. 갑니다. 여기 있습니다.

D : 입원하셔야 하겠습니다.
홍역입니다.

P : 얼마동안 입원해야 하나요?

D : 경과를 봐야겠지만 오랜 기간은 아닐 겁니다.

P : Here he has a lot of pots.

N : Shall I see tummy and back?
Let's wait for a while and see the doctor.

P : Do I have to wait long?

N : Well, Doctor will soon come after round.

P : Am I supposed to be hospitalized?

N : Maybe It could be. Anyway let's see doctor first.

D : Nurse, Check the vital sign.
Hurry up.

N : I'm coming. Here it is.

D : Check in the hospital. It's measles.

P : How long will it take?

D : We watch all process but not long period.

Chapter 1 소아과 Pediatry

>>> **BIGSTONE'S TIP**

Shake a leg! 서둘러!
acupuncture 한방 침

– 홍역	– measles
– 반점	– spot
– 배와 등	– tummy and back
– 회진	– round
– 입원	– hospitalized(check in)

23

설사 Diarrhea

병원 영어 회화 *Hospital English*

P : 설사가 심합니다.

N : 설사로 고생하신 지는 얼마나 되지요?

P : 그저께부터 약간씩 그런 증상이 있었는데
어제는 심했습니다.

N : 하루에 몇 번씩 그렇습니까?

P : 쉴 새 없이 많이 화장실을 드나들었습니다.

N : 지난 며칠간 드신 음식은 무엇이죠?

P : 많이 먹지도 않았고 특별하게 먹은 음식은 없는데요.

N : 의사선생님께서 진단하실 겁니다.
여기 침대에 몸 쭉 펴고 누우세요.

>>> **BIGSTONE'S TIP**

입원 환자는 *inpatient*, 외래환자는 *outpatient*

P : I have a severe diarrhea.

N : How long has it been bothering you?

P : I have felt symptoms from the day before yesterday and It was terribly bad last night.

N : How many times dose it come?

P : I had to go to bath room continuously.

N : What have you tried for a last few days?

P : I have tried not much and nothing special food.

N : Doctor will make a diagnosis of it.
   Lie down at full length on the bed.

>>> **BIGSTONE'S TIP**

설사하면 '다이아'가 많이 나온다고 기억하세요.
convulsion 경련, 경기

- 설사	- diarrhea
- 쉴 새 없이	- continuously
- 쭉 펴고 눕다	- lie down at full length

소아과 Pediatry

수두 Varicella(chicken pox)

병원 영어 회화 *Hospital English*

P : 아기가 계속 울고 가벼운 열이 있다가 고열이 나더니
결국에 몸에 발진이 생겼어요.

N : 체온을 재어 보겠습니다.
고생이 많았겠는데요.
38도가 넘는군요.

P : 빨리 좀 봐 주십시오.

D : 발진이 언제부터 생겼습니까?

P : 정확히 언제부터인지는 모르겠어요.
새벽에 애기가 너무 울어서 봤더니
그렇게 나 있었어요.

D : 요즘 수두가 유행하고 있는데
주위에 수두하는 아이가 있습니까?

P : 아뿔싸! 우리 옆집 아이가 얼마 전에 수두를 앓았어요.

D : 예방접종은 하셨습니까?

P : 물론 했습니다.

P : My baby keeps crying with mild fever and getting developed a high fever, finally he got rashes.

N : Let's take his temperature.
You suffered a lot.
It's over 38 centigrade.

P : Take a look in a hurry.

D : When did the rashes come out?

P : I'm not sure when it exactly came out.
I just found it in daybreak while he was crying.

D : There is an varicella spreads these days,
Are there anyone who has got varicella?

P : Oops! One guy who is living next to my house a few days ago.

D : Has he got immunifaction?

P : Of course he got.

>>> **BIGSTONE'S TIP**

*rash*는 뾰루지라는 뜻도 있지요.

- 발진	- rashes
- 고열로 발전해가다	- developed a high fever
- 새벽	- daybreak
- 유행하다	- spread
- 수두	- varicella

Chapter 1 소아과 Pediatry

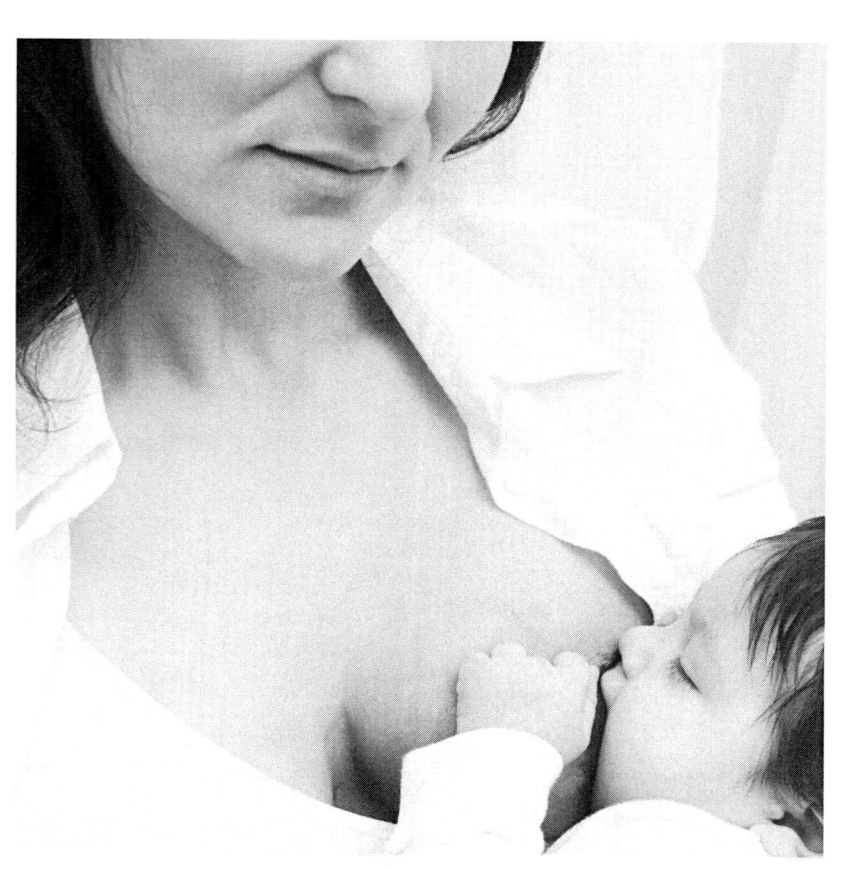

Chapter 2

산부인과
Obstetrics & Gynecology

임신 검사 Pregnancy test

병원 영어 회화 *Hospital English*

P : 임신 여부를 알고 싶습니다.

N : 이 통에 소변을 받아 오세요.

D : 마지막 생리일이 언제입니까?

P : 8월 10일입니다.

D : 임신입니다. 축하합니다.
더 정확한 것을 알기 위해
초음파 검사를 하겠습니다.

D : 임신이 맞습니다. 약 5~6주 되었고
아직 심장소리는 들리지 않습니다.

P : 그럼 언제 들을 수 있나요?

D : 일주일 후에 오시면 정확한 분만 예정일과
심장 뛰는 소리를 들을 수 있습니다.

P : 오, 감사합니다.
너무 행복합니다.

D : 안정을 취하십시오.

P : I'd like to know whether I'm pregnant or not.

N : Fill your urine in this bottle.

D : When was your last menstruation?

P : It's 10th August.

D : You are preg. congratulations!
You need an ultrasonography for details.

D : Right, You are preg. 5 to 6 weeks,
No heartbeat yet.

P : When can I hear heartbeat?

D : You may hear the heartbeat and know the exact delivery date after one week.

P : Oh, Thanks. I'm so blissful.

D : Take it easy.

>>> **BIGSTONE'S TIP**

ultrasonogram 초음파 검사도
Hold your breath. 숨을 멈추세요.

- 임신	- pregnancy
- 소변	- urine
- 심장소리	- heartbeat
- 초음파 검사	- ultrasonography
- 분만	- delivery

임신 상담 Preg. consultation

병원 영어 회화 *Hospital English*

P : 아기를 갖고 싶은데 임신 전에 받아봐야 할 검사는 뭐가 있나요?

N : 패키지로 있는데 산전 통합 검사로서 간염항체, 풍진, 항원항체, 성병, 빈혈, 간 기능 검사, 매독, 에이즈 등이 있습니다.

P : 비용이 얼마나 듭니까?

N : 제 생각에는 7~8만 원 가량 들 겁니다.

P : 아무 때나 검사받을 수 있나요?

N : 생리와 상관없이 아무 때나 받을 수 있습니다. 예약해 드릴까요?

P : 네, 3월 5일이 좋겠습니다.

N : 네, 그날 오전 10시까지 병원에 나오세요.

>>> BIGSTONE'S TIP

on duty 근무중, *off duty* 비번

P : I'd like to have a baby. What kind of tests do I have to take before preg?

N : It is a package, Total preg examination, There are hepatitis antibody, rubella antigen antibody, venereal disease, anemia, liver-function exam, syphilis and AIDS test.

P : How much do I pay for it?

N : It'll take around 70,000~80,000 won. I guess.

P : Anytime available?

N : You can take it out of period. Shall I make an appointment?

P : Let's make it on 5th march.

N : I got it. Come up to hospital by 10 am on that day.

>>> **BIGSTONE'S TIP**

'anti' 발음은 '앤타이'

– 상담	– consultation
– 간염 항체	– hepatitis antibody
– 비용	– cost
– 풍진	– rubella
– 항원 항체	– antigen antibody
– 성병	– venereal disease(VD)
– 빈혈	– anemia
– 간 기능 검사	– liver-function exam
– 매독	– syphilis

생리통 Period pains

병원 영어 회화 *Hospital English*

P : 생리통이 심해요. 배가 너무 아프고 일반 진통제로
조절이 안 돼요.

D : 매달 생리 때 이렇게 아프세요?

P : 출산 전엔 생리통이 없었는데
출산 후엔 가끔씩 이렇게 아픕니다.

D : 초음파 검사를 받은 적이 있나요?

P : 없는데요.

D : 오늘 초음파 검사를 해 봅시다.

(검사 후)

D : 자궁에 근종이 있습니다.
아직은 사이즈가 작은데 3개월마다 체크해 봅시다.

P : 그것이 점점 커질 수도 있나요?

D : 종류에 따라서 커질 수도 있습니다.
오늘은 처방전과 주사 맞고 기다려 봅시다.

P : I've got a severe period pains. It's getting worse
out of controlled with analgesic.

D : Does it come regularly like this?

P : There was no pain before delivery
but It comes like this after delivery.

D : Have you ever got an ultrasonography?

P : Never.

D : Let's do it today.

(After exam)

D : We see a myoma in uterus.
It's still small and we check it every 3 months.

P : Could it be bigger and bigger?

D : It's up to the kind.
today we take a shot and prescription then wait.

>>> **BIGSTONE'S TIP**

on credit 외상으로, 지급하지 않은 상태

– 진통제	– nalgesic
– 조절이 안 되다	– out of controlled
– 출산	– delivery
– 자궁	– uterus
– 근종	– myoma

출산 Delivery

병원 영어 회화 *Hospital English*

N : 양수가 터졌군요.

D : 간호사 분만 준비 좀 서둘러줘요. 초산부인 것 같아요.

N : 제왕절개도 준비할까요?

D : 예, 만약을 위해서요. 일단은 자연 분만으로 가지요.

(잠시 후)

N : 축하합니다. 귀여운 공주님이에요.

P : 오~ 너무 감사합니다.
신생아는 건강한가요?
모유 수유는 언제부터 할 수 있나요?

N : 초유는 3일 지나서부터 수유 할 수 있습니다.

>>> **BIGSTONE'S TIP**

Flush the toilet. 변기 물을 내리다.
bathtub 욕조

N : Amniotic fluid came out.

D : Hurry up the labor nurse. Seems like a primipara.

N : Shall I get ready the cesarean section?

D : Absolutely! for emergency. We go to the natural anyway.

(meanwhile)

N : Congratulations! cute Princess.

P : Ohhh ~ Thank you so much.
Is newborn healthy?
When can I start the colostrum?

N : You can start it after 3 days.

>>> **BIGSTONE'S TIP**

'*amni~*' 양수는 엄니(어머니)'에게서 나온다고 기억하세요.
breathe out 숨을 내쉬다
breathe in 숨을 들이쉬다

- 양수	- amniotic fluid
- 초산부	- primipara
- 제왕절개	- cesarean section
- 초유	- colostrum
- 신생아	- newborn

Chapter 2 산부인과 Obstetrics & Gynecology

요실금 urinary incontinence

병원 영어 회화 *Hospital English*

P : 모두들 안녕하세요!

N : 오랜만이군요. 어떻게 오셨습니까? 마실 것 좀 드릴까요?

P : 아니요, 감사합니다. 요실금 때문에 상담하러 왔습니다.

N : 어떤 증상이 있으신가요?

P : 재채기를 하거나 크게 웃을 때 요실금 증상이 있습니다.

D : 62세군요. 최신 장비가 있는 대학병원으로 가서 검사를 받으시는 것이 좋겠습니다.

P : 소견서를 써 주시겠습니까?

D : 왜 안 되겠어요, 써드리지요.

>>> **BIGSTONE'S TIP**

laughter 자체가 큰 웃음소리라는 뜻이며, *giggle*(킥킥 웃다), *chuckle*(낄낄 웃다), *titter*(소리죽여 웃다), *grin*(씩 웃다), *sneer at*(비웃다) 등이 있다.

P : Hi everyone!

N : Long time no see. What brings you upto here?
Would you care for a drink?

P : No, thanks.
I came here to consult the urinary incontinence.

N : What symptoms do you have?

P : When I break out sneeze and loud laugher it comes out.

D : You are 62 years old. You'd better take a exam in university hospital with modernized equipments.

P : Can I get your diagnostic view?

D : Why not, I will.

>>> **BIGSTONE'S TIP**

suffer from malnutrition 영양 부족을 겪다
*mal*은 접두어로서 기형이란 뜻.
malfunction 오작동, *malformation*기형

- 재채기   – sneeze
- 큰 웃음   – loud laugher
- 최신 장비   – modernized equipments
- 소견서   – diagnostic view

폐경 Menopause

병원 영어 회화 *Hospital English*

P : 갑자기 식은땀이 나고 얼굴이 달아올라요.

N : 생리는 정상적으로 하십니까?

P : 생리 끝난 지 6개월 정도 되었습니다.

D : 난소기능검사와 초음파검사를 해 보겠습니다.

P : 어느 것 하나는 걸릴 것 같군요.

D : 제 생각에는 폐경 증상인 것 같습니다.
호르몬 약을 복용하는 게 좋겠습니다.

P : 그 약은 언제까지 먹어야 합니까?

D : 당분간은 계속 드셔야 할 것 같습니다.
3개월 후에 다시 한 번 검사를 받으십시오.

P : 네, 감사합니다.

>>> **BIGSTONE'S TIP**

a foolproof security system 안전한 보안

P : I feel cold sweat and my face is getting red.

N : Menstruation comes normally?

P : It had finished 6 months before.

D : I'm gonna check the function of ovary and ultrasonic test.

P : One of them will be likely to happen.

D : In my opinion, It seems like a symptom of menopause. You'd better take hormone pills.

P : How long should I take it?

D : It will be continued for a while. Just take another exam in 3 months.

P : Sure thank you so much.

>>> **BIGSTONE'S TIP**

*Period*는 생리, 기간, 마침표를 의미한다.

- 폐경	- menopause
- 생리	- menstruation
- 난소 기능 검사	- exam of the function of ovary

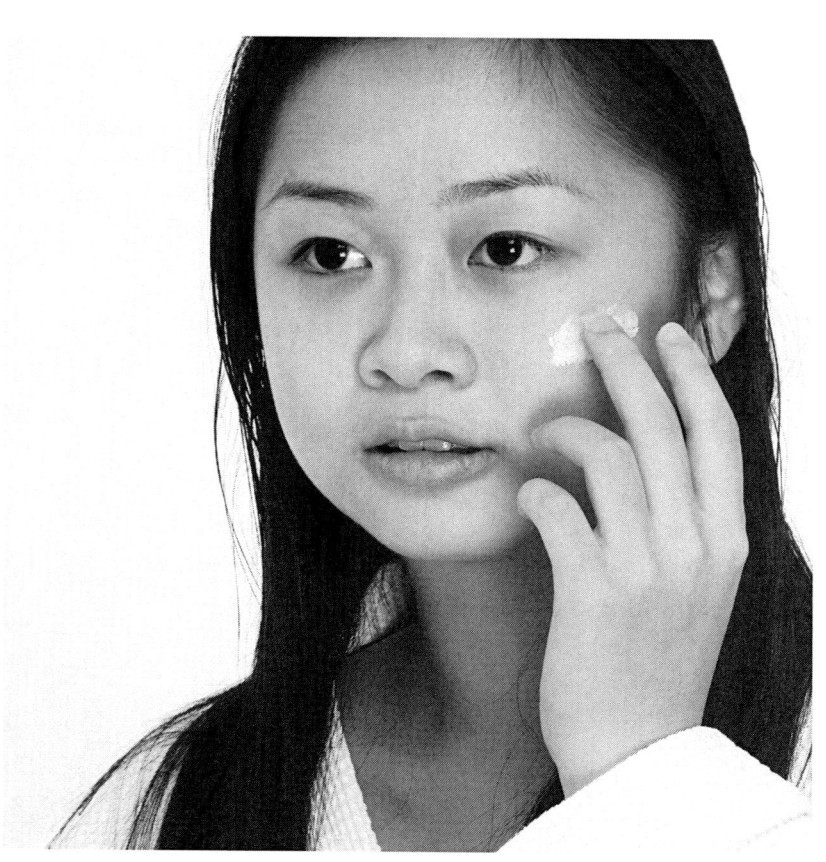

Chapter 3

피부과
Dermatology

여드름 Acne

병원 영어 회화 *Hospital English*

S : 엄마, 의원에 가 봐야겠어요.

M : 여드름 때문에 그러는 거지?

S : 네, 요즘 너무 심해서 밖에 다니기가 부끄러워요.

　　　(병원에서)

P : 여드름이 너무 심해서요.

N : 몇 살이에요?

P : 15살입니다.

D : 언제부터 이런 것들이 나오기 시작했나요?

P : 작년부터요.

D : 연고 처방을 하니까 세안을 깨끗이 하고
　　　잘 발라 주세요.
　　　필요하면 나중에 약 처방도 할 거예요.
　　　일주일 후에 다시 오세요.

S : Mom, I gotta go to the clinic.

M : Because of acne?

S : Correct. It's getting worse. I'm embarrassed out of home.

(At the hospital)

P : Severe acne bothers me.

N : Your age?

P : Fifteen.

D : When has it come out?

P : Since last year.

D : I prescribe an ointment. Spread it well after washing face.
If necessary, I'll prescribe pills too.
See you in 5 days.

Chapter 3 피부과 Dermatology

>>> **BIGSTONE'S TIP**

의원급 단과 진료 시설은 *clinic*

- 처방하다	- prescribe(처방전은 prescription)
- 연고	- ointment
- 나오기 시작하다	- come out.
- 잘 바르다	- spread(apply) it well

화 상 Burn

병원 영어 회화 *Hospital English*

P : 몇 시간 전에 화상을 입었어요.

N : 제가 보기엔 2~3도 화상 같습니다.

P : 2차 감염이 될 수 있나요?

N : 감염되면 치료기간이 더 오래 걸릴 수 있습니다.

P : 물집이 터졌어요.

N : 고의로 터트렸어요?

P : 바늘로 터트렸습니다.

N : 가능하면 물집이 생겨도 터트리지 마세요.
소독하고 화상연고 바르겠습니다.

>>> **BIGSTONE'S TIP**

Quack cures 돌팔이 치료
Quack doctor 돌팔이 의사

P : I've got burn a few hours ago.

N : It looks like 2~3 degree burn.

P : Will 2nd infection come?

N : If It's infected, It might take longer cure period.

P : The blister has broken.

N : Did you break it on purpose?

P : I broke it with needle.

N : If it's possible, Don't break blister when you get it
I'll spread the ointment after disinfect the wound.

>>> **BIGSTONE'S TIP**

sterilization(소독)이란 단어도 많이 쓰여요(소독기, *sterilizer*).
contraceptive pills 피임약
contraceptive device 피임 도구

– 감염	– infection
– 물집	– blister
– 소독하다	– disinfect
– 고의로	– on purpose

옴, 개선 Scabies

병원 영어 회화 *Hospital English*

P : 여기를 자주 긁어요.

N : 제가 보기에 뭐가 문 것 같습니다.

P : 피부가 떨어져 갈 정도로 손가락으로 긁어요.
하도 긁어 피까지 나옵니다.

N : 제가 보기엔 옴 같습니다.

P : 옴은 피부병인가요?

N : 아니요. 진드기가 물어서 가려움증이 생기는 거죠.

P : 그럼 어떡해야 하죠?

N : 주거 환경을 깨끗이 하시고 옷을 자주 갈아입으시고
이불을 햇볕에 매일 너세요.
약은 안 드셔도 됩니다.

>>> **BIGSTONE'S TIP**

Swipe a debit card. 직불 카드를 긁다.

P : I itch here very often.

N : Something bit you I think.

P : My fingers itch for taking off my skin.
I scratched too much till bleeding.

N : I think it's scabies.

P : Is it epidermic disease?

N : No, you itch caused by tic bite.

P : What am I supposed to do?

N : Clean your circumstances, change clothes very often and hang your sheets under the sun everyday.
You don't need to take tablets.

>>> **BIGSTONE'S TIP**

lap 무릎, 한바퀴(동계 올림픽), 싸게, 겹치다, 젖혀지다.

- 가려움, 가렵다	- itch
- '물다'의 과거형	- bit
- 벗겨 내다.	- taking off
- 긁다	- scratched
- 진드기	- tic
- 알약	- tablets

Chapter 3 피부과 Dermatology

괴저 Cancrum

병원 영어 회화 *Hospital English*

P : 발가락이 점점 무감각해져요. 그리고 색이 검게 변하고 있어요.

N : 의사 선생님께 증상을 자세히 설명하세요.

D : 언제부터입니까?

P : 2~3주 됐어요.

D : 괴저 같습니다.

P : 괴저가 뭐죠?

D : 혈액공급 감소로 조직의 괴사가 일어나는 겁니다. 다른 질병 있으신가요?

P : 당뇨병이 있습니다.

D : 이 부위 치료부터 하고요 혈액 검사하지요.

>>> **BIGSTONE'S TIP**

시작된 시점은 *since*를 씁니다. 평서문의 끝을 올리면 의문문이 됩니다. 소요된 시간, 기간은 *for*를 씁니다.

P : My toes are getting numbed. Also color is changing dark.

N : Explain it to doctor in detail.

D : When has it worked?

P : It has started for 2~3 weeks.

D : Seems like cancrum.

P : What is cancrum?

D : Cancrum takes place caused by decreasing of blood supplying.
You have other disease?

P : Diabetes.

D : Let me treat here first then blood test.

>>> **BIGSTONE'S TIP**

My arm in a cast. 깁스한 팔.
*in a cast*는 형용사구로서 *my arm*을 수식한다.
(명사를 수식하니 당연히 형용사이지요).

– 세부적으로, 자세히	– in detail
– 당뇨병	– diabetes

백선, 윤선 Favus, ringworm

P : 발뒤꿈치가 가려워서요.

N : 양말을 좀 벗어주세요.

P : 이 부분이 그렇습니다.

N : 백선인 것 같습니다.

P : 백선이 뭐예요?

N : 진균에 의한 피부감염입니다.

P : 치료는 복잡한가요?

N : 소독 후 연고로 치료합니다.
　　 심할 경우 다른 방법을 강구해 보죠.
　　 자세한 것은 선생님이 말씀드릴 겁니다.

P : 연고는 병원에서 주나요?

N : 특이한 경우 그렇게 합니다.

P : I feel itch my heel of foot.

N : Take off your socks.

P : It comes out of here.

N : It looks like favus.

P : What is it?

N : It's skin infection by fungus.

P : Is it complicated to be cured?

N : We treat it with ointment after sterilization.
If getting severe, we go other ways.
Everything will be told by doctor.

P : Does the hospital issue the ointment?

N : In case, It does.

>>> **BIGSTONE'S TIP** ....•

*at heel*은 바로 뒤를 따라서, 말의 굽, 기울기, 경사의 뜻도 있지요.

– 발꿈치	– heel
– 곰팡이	– fungus
– 복잡한	– complicate
– 연고	– ointment
– 다른 방안	– other ways

각질 증식 Keratosis

병원 영어 회화 *Hospital English*

P : 제 아이가 중학교 1학년인데
엄지손가락을 가만두지 않아요.

N : 어디 손 좀 보자.
오른손 엄지를 습관적으로 많이 긁는구나.

P : 무의식적으로 그래요.

N : 이건 티눈의 일종인데 심하면 점점 피부가 두꺼워져서
기형처럼 보일 수가 있어요.

P : 뼈도 이상이 있나요?

N : 뼈하곤 상관없는데 보기 좋지 않지요.

P : 어떻게 치료하죠?

N : 피부 연화제를 쓰고 습관을 바꾸어야 합니다.

P: I have a son who is 1st grade in the middle school.
He doesn't let his thumb be alone.

N: Let me see it.
You habitually scratch your thumb too much.

P: I do it unconsciously.

N: This is a kind of corn. If getting severe,
it could look malformation.

P: Is there something wrong with bone?

N: Nothing with bone but no good looking at it.

P: How will it be cured?

N: You should use skin soften agent and change habit.

>>> **BIGSTONE'S TIP**

검지 *index*, 중지 *middle*, 약지 *ring*, 새끼 *little finger*,
지문 *finger print*, 발자국 *foot print*

– 엄지손가락	– thumb
– 습관적으로	– habitually
– 무의식적으로	– unconsciously
– 피부 연화제	– skin soften agent

켈로이드 keloid

P : 3개월 전에 상처 부위를 10센티미터 가량 꿰맸어요.
그런데 이렇게 흉하게 되었어요.

N : 이건 켈로이드인데 정형 외과적 치료가 아니고
성형 외과적 치료가 필요합니다.

P : 재수술 받아야 하나요?

N : 요즘은 간단히 테이프로 치료하는 방법도 있습니다.
흉터가 작으니 일단은 그렇게 해보시고 필요하면
선생님 진단을 따르시죠.

P : 오래 걸리나요?

N : 인내심을 갖고 치료하셔야 합니다.

P : 성형외과는 비용이 많이 들지요?

N : 글쎄요.

P : I got suture about 10 centimeters 3 months ago. It's getting ugly like this.

N : We call it 'keloid' being needed plastic surgery not orthopedic surgery.

P : Will I have to get operation again?

N : Now we have quite simple way to cure it with just taping therapy.
You have still small scar, so you do it that way then follow upto doctor.

P : Does it take long way to go?

N : Should be in deep patient.

P : Does the plastic surgery require big money?

N : Maybe.

>>> **BIGSTONE'S TIP**

oval 타원형. 동계올림픽 구장이 타원형이라서 밴쿠버 오벌이라고 하는 것임.

– 재수술	– re-operation
– 테이프 요법	– taping therapy
– 흉터	– scar
– 따르다, 꾸준히 추적하다.	– follow upto

이(기생)충 pediculosis

병원 영어 회화 *Hospital English*

P : 우리 아이 머리에 이가 있어요.

N : 요즘 아이들에게 이가 있어요.

P : 밤에 머릴 긁느라고 잠을 못자요.

N : 학교에서 아이들한테 옮았나 봐요.
　　이 약품을 머리 감을 때 같이 쓰세요.

P : 이 약품이 뭐예요?

N : 살충제의 일종이에요.

P : 매일 머리를 감아요?

N : 저녁에도 사용하시고 머리가 완전히 마른 다음에
　　잠을 자게 해 주세요.

P : 약은 안 먹어도 되나요?

N : 네, 더 심해지면 다른 방법으로 치료할 겁니다.

P : I have found lice in my kid's hair.

N : We sometimes find lice these days.

P : He can not fall in sleep because of itch.

N : Maybe it's transferred from school.
Use this medicine when washing hair.

P : What is this called?

N : It's a kind of insecticide.

P : Does he wash his hair everyday?

N : Use it in the evening then let him go to bed after hair fully dried.

P : No need to have medicine?

N : Yeap. We will treat it another way when it goes worse.

>>> BIGSTONE'S TIP

*lice*와 *rice* 발음 조심

– 요즈음	– these days/nowadays
– 옮다	– transferred
– 살충제	– insecticide
– 악화되다	– goes worse

종기, 부스럼 furuncle, boil

병원 영어 회화 *Hospital English*

P: 머리에 종기가 났어요.

N: 제가 보니 절개 후 농을 제거해야겠습니다.

P: 입원해야 하나요?

N: 아니요. 간단히 농 제거 후 봉합할 겁니다.

P: 약도 먹나요?

N: 약은 삼일치만 드릴게요.

P: 항생제인가요?

N: 네, 2차 감염을 막기 위한 것이지요.

>>> **BIGSTONE'S TIP**

hangover 술이 덜 깬 상태

P : I have furuncle on head.

N : I checked it, I will get out of pus after incision.

P : Do I have to check in?

N : No. After getting out of pus I will suture it.

P : Any medicines?

N : I will give you medicines for three days.

P : Is it antibiotic?

N : Yes. It's a prevention from second infection.

>>> **BIGSTONE'S TIP**

Hold your horses! 잠시만요!

- 고름	- pus
- 절개	- incision
- 항생제	- antibiotic
- 예방	- prevention

피부염 dermatitis

P : 궁둥이가 가려워요.

N : 어디 좀 봅시다.
접촉성 피부염이 있군요.
원인은 물리적 자극이나 알레르기입니다.
다른 데 가려운 곳은 없나요?

P : 머릿속도 가려워요.

N : 선생님 진단 후에 약을 드시면 되고요.
아마 알레르기 정밀 검사를 하게 될 겁니다.

P : 알레르기 검사는 어디서 하지요?

N : 우리 병원에서도 합니다.
선생님께서 알려드릴 겁니다.

P : 피부염엔 어떤 것들이 있지요?

N : 알레르기성 피부염, 화학방사선피부염, 접촉성 피부염, 약물성 피부염, 박탈성피부염이 있습니다.

P : I feel itch on my buttock.

N : Let me see that.
It's a contact dermatitis which caused by physical irritation or allergy.
Do you feel itch any other places?

P : I feel itch on my head.

N : You will get prescribed medicines after diagnosis.
You also take allergy inspection detailed.

P : Where do I get that allergy inspection?

N : Here, in this hospital.
You will hear from doctor.

P : What kinds of dermatitis are there?

N : There are allergic dermatitis, actinic dermatitis, contact dermatitis, medicamentosa dermatitis and exfoliative dermatitis.

>>> **BIGSTONE'S TIP**

An allergic reaction 알레르기 반응
Stomach cramps 위경련

- 엉덩이
- 신체 접촉
- 알레르기 정밀 검사
- buttock / ass
- physical irritation
- allergy inspection

티눈 Corn

병원 영어 회화 *Hospital English*

P : 티눈을 제거하고 싶어요.
한동안 심하게 아팠지만 지금은 괜찮아요.

D : 발바닥 좀 보여주세요.
무좀에 걸렸군요.
건들면 아픈가요?

P : 선생님이 누르시면 그 부위가 아파요.
군에 있을 때 동상에 걸린 적도 있었어요.
모두 다 같이 치료하고 싶어요.
병원에 매일 와야 하나요?

D : 통증이 조금 완화된 것 같습니다.
약을 좀 드릴게요.
티눈부터 보고요.

P : 조만간에 빨리 나았으면 좋겠군요. 도와주셔서 감사합니다.

>>> **BIGSTONE'S TIP**

I have a doggy bag. 남은 음식 좀 싸주세요.

P : I'd like to remove my corn.
It was very painful for a while, but now it's all right.

D : Let me see your sole of a foot.
You've got an athlete's foot.
Is it tender to the touch?

P : That part hurts when you press it.
I'd got frostbite when I was in the army.
I'd like to cure all of it.
Do I have to come to the hospital every day?

D : It seems to reduce somewhat.
I will give you some medicines.
let me check your corn first.

P : I hope that it's getting better sooner or later.
Thank you for helping

>>> **BIGSTONE'S TIP** ··•

Let's drop the subject. 이제 이건 그만 얘기하자.

- 티눈	- corn
- 발바닥	- sole of a foot
- 무좀	- athlete's foot
- 동상	- frostbite
- 조만간에	- sooner or later

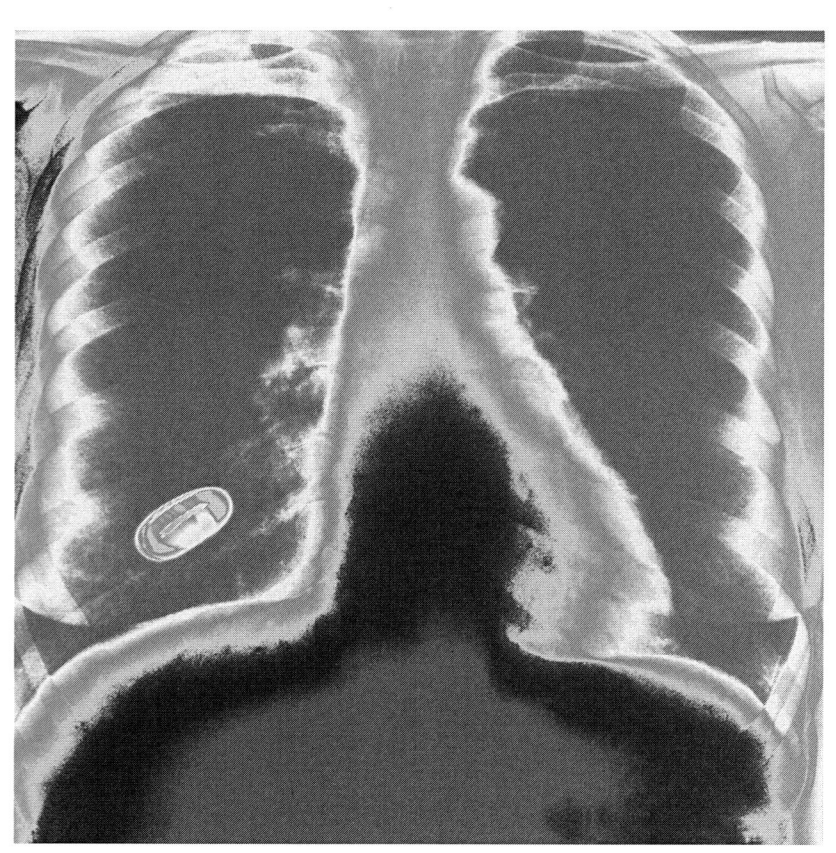

Chapter 4

방사선과
Radiology

촬영체위 X-ray positioning

병원 영어 회화 *Hospital English*

N : X선 촬영을 해야 합니다.

P : 많이 찍어요?

N : 다섯 가지 있어요. 방사선 기사가 촬영 방향에
따른 체위를 알려 줄 겁니다.

P : 서서 찍나요?

N : 똑바로 누워서 찍고 엎드려서 찍고 옆으로 누워서
찍고 일어서서 찍고 그리고 앉아서 찍을 거예요.

P : 다섯 번만 찍으면 되나요?

N : 오래 걸리진 않을 거예요.

P : 방사선은 인체에 해롭다고 하던데요?

N : 무리하게 방사선을 사용하진 않습니다.
절 조절되지요. 걱정하지 마세요.

N: We are gonna take X-ray.

P: Do I take it many shots?

N: You are gonna take 5 shots. X-ray photographer will let you know each way.

P: Am I standing being taken a picture?

N: You will take supine, prone, lateral, erect and sitting position.

P: Is that all 5 times?

N: It won't take long time.

P: I heard the radiation is harmful for human body.

N: We don't shoot too much X-ray.
It's well controlled.
Don't feel uneasy.

>>> **BIGSTONE'S TIP** ···●

Figures It out! 한번 알아 봐, 풀어봐!
*all*은 단수, 복수 다 쓰입니다.

– 촬영	– shots
– 각각의 방법	– each way
– 촬영되다	– taken a picture
– 걱정, 불안, 초조	– uneasy

Chapter 4 방사선과 Radiology

자기공명영상 Magnetic resonance imaging(MRI)

N : 이 MRI는 핵자기공명이라 불리기도 합니다.

P : 아직 어린 아이인데 검사해도 되나요?

N : 부작용은 없습니다.

P : CT를 찍어야 하지 않나요?

N : 선생님이 HIVD(추간원판탈출증)로 진단하셨기 때문에 추가적인 상태를 확인하기 위해 촬영하는 겁니다.

P : 계속 찍어야 하나요?

N : 필요하다면 치료하면서 찍을 겁니다.
반드시 그렇게 될 것 같군요.

P : 시간이 오래 걸리나요?

N : 30분 정도 걸릴 겁니다.
참, 그리고 좀 시끄러울 겁니다.
준비하세요.

N : This MRI is also called nuclear magnetic resonance(NMR).

P : Is it suitable for yet kids?

N : There is no side effect with it.

P : Shouldn't I take the CT?

N : Doctor diagnosed HIVD so that we are taking this image to confirm additional condition.

P : Is it going continuously?

N : We are taking it with treatment If necessarily. It must necessarily be so.

P : Long time do I get?

N : Around half an hour.
Well, There will come a little bit noisy.
Get ready.

>>> **BIGSTONE'S TIP**

I'm feeling under the weather. 몸이 안 좋아.

- 적당한   – suitable
- 부작용   – side effect
- 추간원판탈출증   – HIVD(herniation of intervertebral disc)

상부 위장관 Upper GI series

병원 영어 회화 *Hospital English*

P : 이쪽 이 부분 배가 아파요.

N : 아픈지 얼마나 되셨습니까?

P : 거의 일주일 정도 되었어요.

N : 어떤 통증을 느끼십니까?

P : 쑤셔요.

N : 누르면 아픕니까?

P : 조금은 참을 수 있는 것 같아요.

N : 조영제 투여 상부위장관 검사를 해야겠습니다.
그리고 X-Ray를 찍어 봐야겠습니다.

P : 알겠습니다. 지금은 일이 있어서
다음 주에 예약하도록 하겠습니다.

P : I have pain here, this side.

N : How long have it come?

P : It's been almost a week.

N : How do you feel pain?

P : It throbs.

N : When I press it do you hurt?

P : I can a little put up with it.

N : Let's get upper GI contrast medium test.
Then let's take X-Ray

P : I got it. I have something to do right now.
I'll make that appointment on next week.

>>> **BIGSTONE'S TIP**

Can't complain. 나쁘지 않아.

- 쑤시는	- throb
- 견뎌 내다, 참아내다	- put up with
- 조영제	- contrast medium
- 위장	- GI(gastro intestine)

73

심혈관 조영술 angiocardiography

병원 영어 회화 *Hospital English*

D : 이 환자는 심혈관 질환 환자예요.
　　심혈관 조영술을 해야겠어요.

N : 조영제 IV 할까요?

D : 일단은 촬영시간을 체크하고 방사선과와
　　협조하세요. 결과 나오면 가능한 빨리 알려주세요.
　　X선 촬영은 심장, 폐, 혈관, 전체 다 해야 합니다.
　　여기 처방전 있습니다.

N : 방사선과 확인하고 말씀드리죠.

D : 결과 나오면 수술여부를 결정할 겁니다.

N : 수술 준비도 할까요?

D : 아직요. 결과 보고 준비합시다.

N : 수술실 스케줄도 확인해 보지요.

D : 그렇게 하세요. 고마워요.

D : This patient has heart and vessel disease.
we will conduct angiocardiography.

N : Shall I take IV contrast midium?

D : First check the shot time and then cooperate
to X-ray department. Let us know the result ASAP.
We conduct X-ray for heart, lung and vessel.
Here is prescription.

N : I will tell you after checking radiation part.

D : I will decide the operation with the result.

N : Shall I get ready the operation?

D : Not yet. after getting the result.

N : I will confirm the operation room table.

D : Let it go, thanks.

Chapter 4 방사선과 Radiology

>>> BIGSTONE'S TIP

Contrast medium 조영제

- 혈관	- vessel
- 정맥 주사	- IV(intra venous)
- 가능한 빨리	- ASAP(as soon as possible)
- 재확인	- confirm

동맥 조영술 arteriography

병원 영어 회화 *Hospital English*

D : 동맥을 검사해 봐야겠습니다.

P : 무슨 문제라도 있나요?

D : 동맥류, 혈전증, 종양을 검사해야겠어요.

P : X-Ray를 찍나요?

N : 조영제 투입 후 검사하는 방법인데
어디에 문제가 있는지 알 수 있어요.

P : 조영제는 마시나요?

N : 조영제를 동맥으로 주사할 겁니다.

D : X선 결과 나오면 통보해 주세요.

N : 네 알겠습니다. 그렇게 하겠습니다.

D : We gonna check the artery.

P : Do I have any problem with it?

D : We will check aneurysm, thrombosis and tumor.

P : Need I take X-Ray?

N : It's a method after injecting the contrast medium.
We can find out where the problem is.

P : Do I drink the contrast midium?

N : We will inject the contrast medium into artery.

D : Inform us the result when coming out.

N : I got it. I will keep it.

BIGSTONE'S TIP

My allergies are acting up.
알레르기 증상이 다시 발생하고 있어.

- 동맥류	- aneurysm
- 혈전증	- thrombosis
- 종양	- tumor

Chapter 4 방사선과 Radiology

초음파 촬영술 ultrasonography

병원 영어 회화 *Hospital English*

N : 환자분은 종양 검사가 예정되어 있습니다.

P : 열이 내린 후에 몸에 오한이 있습니다.
지금 해야 되나요?
그리고 초음파 종양 검사가 뭔가요?

N : 초음파 검사는 며칠 후에 할 거고요.
초음파 촬영은 초음파로 자극을 주고 이 자극을 기록하는
겁니다. 검사 과정상 안전하며 합병증이 없습니다.
고도의 정확성을 지니고 조영제도 필요 없어요.
태아 여부를 관찰할 수 있어요.

P : 초음파 검사 전에 뭘 준비해야 하나요?

N : 물을 많이 드세요.
방광을 팽창시키면 골반이나 복강 내
기관들을 더 잘 볼 수 있습니다.

>>> **BIGSTONE'S TIP**

I could use some drinks. 한잔 하고 싶은걸.

N: You are scheduled tumor test.

P: After the high fever flew away, chills has come.
Need it do now?
And then what's ultrasonography?

N: We will take ultrasonography a few days later.
The ultrasonography gives irritation
and then we check record.
All procedures are safe with no complicating disease.
It has high accuracy and no need contrast medium.
We can see the fetus.

P: What do I have to do for ultrasonography.

N: Drink a lot of water.
When you make your bladder larger,
It makes us watch organs easier.

>>> **BIGSTONE'S TIP**

isolation hospital 격리 병원

– 합병증	– complicating disease
– 고도의 정확성	– high accuracy
– 태아	– fetus
– 기관	– organ

전산화 단층 촬영술 computed tomography

병원 영어 회화 *Hospital English*

N : CT 촬영을 합시다.
   시계나 목걸이를 벗으세요. 가운으로 갈아입으세요.

P : 어떻게 해야 해요?

N : 아무 것도 없고요, 몸 전체를 X선 촬영하는 겁니다.
   일반 X선 촬영에서는 볼 수 없는 연부조직(혈액, 뇌척수액, 회질, 백질, 종양)의 상태도 볼 수 있어요.

P : 아프지 않나요?
   요통이 좀 있거든요.

N : 기계 소음이 좀 있어요.

P : 끝내는 데 시간이 많이 걸리나요?

N : 많이는 아니고요, 30분 내외 걸릴 겁니다.

>>> **BIGSTONE'S TIP**

I'll let you off this time. 이번만 봐 준다.

N : Let's get CT scanner.
　　 Take off your watch and neckless. Change clothes into gown.

P : What am I supposed to do?

N : Nothing,
　　 It takes X-ray pictures around of all your body.
　　 We can see the soft tissues what not presented on general X – ray film.(blood. CSF/serum,
　　 grey tissue, white tissue, tumor)

P : Isn't it painful?
　　 I have an attack of lumbago.

N : There is a little noise of machine.

P : Does it take a long time to finish?

N : Not much, Shorter or longer than half an hour.

>>> **BIGSTONE'S TIP** ··•

I'm broke. 나 돈 없어.

– 연부 조직	– soft tissues
– 뇌척수	– CSF
– 혈청	– serum
– 회질	– grey tissue
– 백질	– white tissue

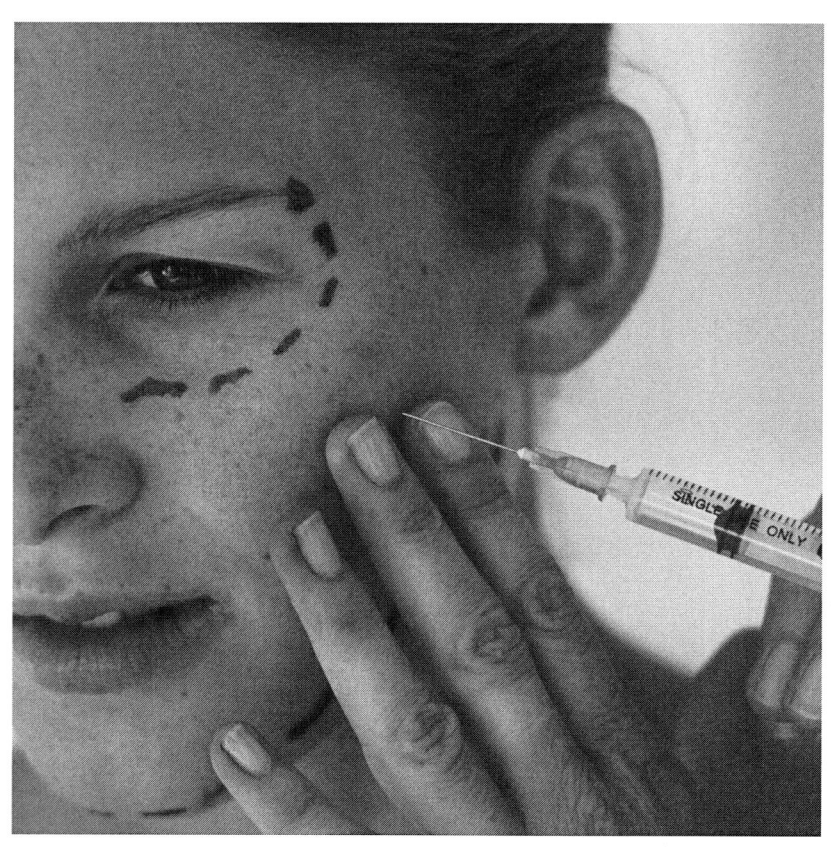

Chapter 5

성형외과
Plastic surgery

턱수술 jaw operation

병원 영어 회화 *Hospital English*

P : 저는 이 턱 선이 마음에 들지 않아 바꾸고 싶은데 가능한가요?

N : 어느 곳이 마음에 안 드나요?

P : 이 선이 사각턱이라 보기 좋지 않은 것 같습니다.

D : 그렇군요. 사각턱은 사람의 얼굴을 크게 보이게 하고 인상을 무뚝뚝하게 보이게 하지요.

P : 또한 얼굴이 넓적해서요. 이것을 바꿀 수 있나요?

D : 물론입니다. 예쁘고 부드러운 턱으로 만들어 드리겠습니다.

P : 어떤 방법으로 하나요?

D : 간단히 말하자면, 사각 진 부분의 뼈를 깎아내는 수술을 하면 됩니다. 턱을 좀 내밀어 보세요.

>>> **BIGSTONE'S TIP**

Very cool of you! 너 뻔뻔하구나!

P : I don't like my jaw line here and also like to change.
Is it possible?

N : Where exactly you don't like?

P : Here, this line is square shaped.
It doesn't look good.

D : Yeap, It does. Squared jaw looks larger and makes you hard featured.

P : I am also broad featured.
Can I change this?

D : Of course you can. I will change it into tender and pretty one.

P : What method do you operate?

D : To say simply, You take the operation being cut off the squared part of chin. Chin in the air!

>>> BIGSTONE'S TIP

Turn up your chin! 턱 좀 치켜 올려 봐요!

– 사각 진	– square shaped
– 무뚝뚝하게 보이는	– hard featured
– 넓적하게 보이는	– broad featured

Chapter 5

성형외과 Plastic surgery

쌍꺼풀 double eyelid

병원 영어 회화 *Hospital English*

P : 저는 쌍꺼풀 수술을 받고 싶어서 왔습니다. 어떻게 하면 되나요?

D : 어떤 목적으로 하시려는 건데요?

P : 남들에게 예뻐 보이고 싶어서 하는 겁니다.

D : 지금도 예쁘신데요.

P : 아닙니다. 저는 이제 학교를 마치면 취직도 해야 되고 또 결혼도 해야 되는데 눈에 대한 콤플렉스가 있어요.

D : 어떤 콤플렉스입니까?

P : 열등감이죠. 눈이 작아 인상이 부드럽지 못한 것 같아요.

D : 그렇군요. 그럼 수술을 하도록 합시다. 간호사와 상의해서 날짜를 잡도록 하세요.

P : 다른 준비는요?

>>> **BIGSTONE'S TIP** ....•

Crank calls 장난 전화

P : I am here to take double eyelid operation. What do I do?

D : What purpose do you have?

P : I'd like to show people my attractive eyes.

D : Your eyes look pretty at the present.

P : Not enough. I'm willing to find a job and get married after school yet I have complex with my eyes.

D : What kind of complex do you mean?

P : It's inferior complex. My face doesn't look tender with small eyes.

D : It does. Let's make it. Make an appointment with nurse.

P : Anything else do I need?

>>> **BIGSTONE'S TIP** ···●

superior complex 우월감, 우등감

– 현재로선, 지금도	– at the present
– 느낌, 생각	– complex
– 예약(주로 진료 일시 예약)	– appointment

코 수술 nose surgical operation

병원 영어 회화 Hospital English

P : 의사 선생님 이 못생긴 코를 외과적 수술을 하면
예쁘게 될 수 있나요?

N : 물론입니다. 코는 사람의 외모를 결정하게 하는 중요한
요소 중의 하나이지요.

P : 제 코는 매부리코입니다. 이걸 샤프하게 보이는
멋있는 코로 만들어 주실 수 있나요?

N : 그것이 바로 우리가 하는 일입니다.
자, 이 사진들을 보세요.

P : (수술 전,후 사진을 보면서)
매우 다른 모습이네요. 어떻게 이것이 가능하지요?

N : 비교적 간단한 수술로 가능합니다. 콧등에 인공
보조물을 삽입하는 거지요.

P : 부작용은 없나요?

D : 거의 없으니 안심해도 됩니다.

P : Doctor! Could this ugly nose be looking good through the surgical operation?

N : Sure. Nose is one of the important part of being decided human's appearance.

P : I have a Roman nose. Can you make this nose to looking good one?

N : That is what we do.
Well, Look at these pictures.

P : (Looking at the pictures, before/post)
It's quite different. How does it come like this?

N : It's possible with simple operation comparatively.
We insert the artificial complement into the nose hill.

P : Doesn't the side effect come?

D : Almost not, Feel relieved.

성형외과 Plastic surgery

>>> **BIGSTONE'S TIP**

pin point 정확한 지점, 장소
on the dot 정시에

– 외모	– appearance
– 매부리 코	– Roman nose.
– 비교적으로	– comparatively
– 안심하다	– Feel relieved

이쁜이 수술 vaginal operation

병원 영어 회화 *Hospital English*

P : 저는 40세 되는 주부인데요.
이쁜이 수술을 받을 수 있나요?

D : 아이는 몇이나 두셨나요?

P : 8살 된 외동딸이 하나 있는데 그만 낳을 겁니다.

D : 어쨌든 이쁜이 수술을 어떻게 아셨지요?

P : 친구 중 한명이 이 병원에서 했는데 좋다고 권유해서
알았습니다.

D : 남편분하고 부부 관계는 좋습니까?

P : 제 생각에는 그저 그렇게 가는 거 같아요.
그런데 남편이 제게 흥미를 잃은 것이 아닌가 생각합니다.

D : 많은 분들이 이 수술을 받은 후 남편과 사이가 좋아졌다고
합니다. 남편으로부터 더 많은 사랑을 받는다고 해요.

P : 그것이 제가 수술하려는 목적이지요.

P: I'm woman who is becoming 40.
May I have vaginal surgery?

D: How many kids do you have?

P: I have only daughter who is 8 years old and it's finished.

D: Anyway how did you know that?

P: One of my friend who did it in this clinic suggested me It's wonderful.

D: Do you maintain good sex relationship with husband?

P: I think it's going so so.
Yet It seems like my husband is getting lost interesting on me.

D: Many of people are getting better with husband after surgery. They say they receive more love from husband.

P: That's what my operation for.

>>> **BIGSTONE'S TIP**

I have rough tongue. 나 혓바늘 섰다.

- 그저 그렇게, 그저 그래	- so so
- 외동 딸(외아들)	- only daughter(only son)

유방 확대 수술 breast larger surgery

병원 영어 회화 *Hospital English*

P : 의사 선생님 저는 가슴이 작아서 마음 고민입니다.

D : 육안으로 보기에도 절벽같이 느껴지는군요.

P : 그래서 그런지 저는 아직까지 남자친구도 없고
여성다운 매력을 발산하지 못하는 것 같아요.

D : 여성이 섹시하게 보이는 것은 여러 가지가 있는데
그중 가장 중요한 것 한 가지가 풍성한 유방입니다.

P : 선생님 저도 그런 풍성한 유방을 가질 수 있나요?
만약에 있다면 어떤 방법으로 하는 건가요?

D : 소위 실리콘이라는 물질을 집어넣어 아름답게 만드는
겁니다.

P : 우리 몸속에 다른 이물질이 들어가면 부작용이
일어나지 않을까요?

D : 천만에요. 오랜 연구결과에 따라 느낌도 실제와
거의 같으며, 부작용도 거의 없습니다.

P : Doctor, I have a mental agony with small breast.

D : It looks like a cliff with naked eyes.

P : With those reasons, I have still no boy friend
no emitting out feminine attraction.

D : There are many points showing feminine beauties,
breast is one of the most important things.

P : Doctor! Can I gain that desirable breast?
If there is, How make it?

D : We insert material so called 'silicone'
making beautiful.

P : Doesn't it occur any side effects
when other specific substance turned in?

D : Not at all. You feel naturally your own breast in
accordance with long period of research.

Chapter 5 성형외과 Plastic surgery

>>> **BIGSTONE'S TIP**

I feel shaky. 몸이 떨려요.

- 정신적 고민	- mental agony
- 육안	- naked eyes
- 발산하다	- emitting out
- 소위, 말하자면, 이른 바	- so called
- 주입되다, 집어넣다	- turned in

93

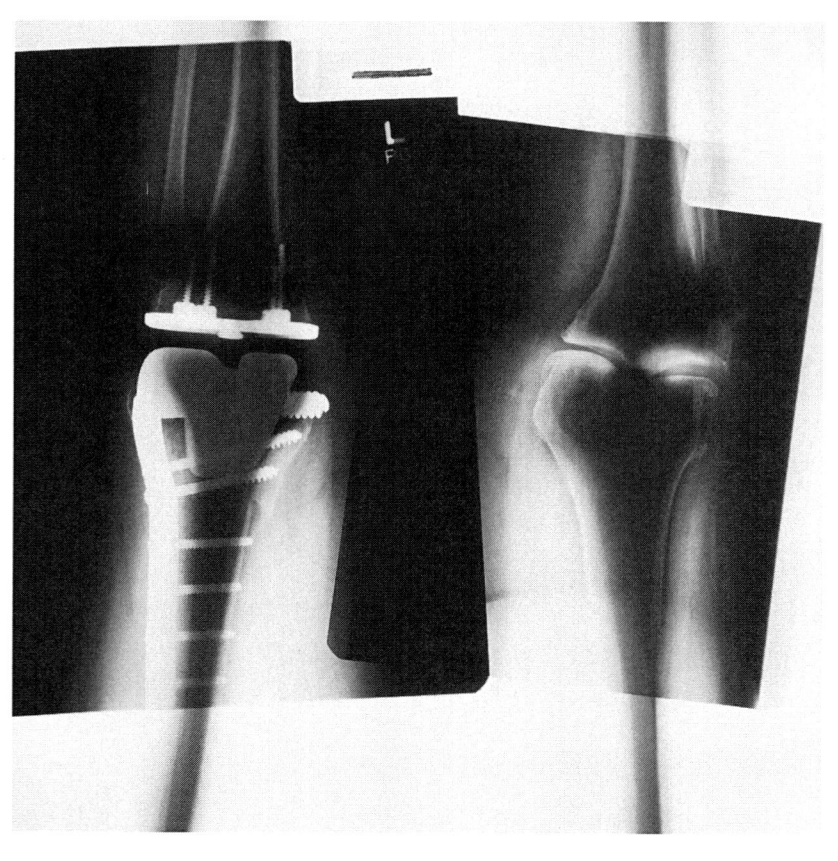

Chapter 6

정형외과
Orthopedic surgery

다발성 관절통 Rheumatism

병원 영어 회화 Hospital English

P : 관절통 때문에 괴로워요.
　　어깨하고 팔이 많이 아파요

D : 어깨 끝은 어떠세요?
　　다른 부위는요?

P : 몸 전반적으로요.
　　어제 엄청 심하게 엎어졌어요.
　　간간이 골반 관절도 통증을 느껴요.
　　팔이 특히 뻐근해요.

D : 요즘은 좋은 약들이 많아요. 곧 좋아질 겁니다.

P : 타박상이 심하니 주사도 맞고 싶군요.
　　입원해야 할까요?

>>> **BIGSTONE'S TIP**

I was locked out of my car all day.
난 차 열쇠를 차 안에 두고 잠가서 하루 종일 차문을 못 열었어.

P : Rheumatism is bothering me.
　　　I have bad pain in my arms and shoulders.

D : How about the shoulder blade?
　　　Which other parts do you hurt?

P : All over the body.
　　　I fell down over last night.
　　　I sometimes feel a pain in my hip joints.
　　　My arms are specially stiff.

D : There are many good medicines for it nowadays.
　　　You will be able to get well soon.

P : Because of having severe bruise, I'd like to get a shot.
　　　Will I have to be hospitalized?

Chapter 6 정형외과 Orthopedic surgery

>>> **BIGSTONE'S TIP**

Kept tossing and turning bed all night.
밤새 뒤척였어.

- 관절통	- rheumatism
- 골반 관절	- hip joints
- 심하게 엎어지다	- fell down over

97

쥐나는 저림 Cramps

병원 영어 회화 *Hospital English*

P : 쥐가 나는데요.

D : 다리가 붓고 차갑습니다.

P : 다리가 때때로 감각이 없어 걸을 수가 없어요.
어릴 적에 발목을 삔 적이 있고요.

D : 다리를 구부려 보세요.
발등 좀 보여주세요.

P : 발부터 무릎까지 통증이 쭉 올라와요.
미치겠어요.

D : 무릎 관절이 경직되고 아파요?

>>> **BIGSTONE'S TIP** ··•

The school is a stone's throw away from my office.
그 학교는 사무실에서 아주 가깝다.

P : I have cramps.

D : Your legs are swollen and get cold.

P : My legs sometimes feel numb.
   So I can't walk.
   I have sprained my ankle.
   When I was grasshopper.

D : Bend your legs.
   Show me your instep.

P : Pain pumped upto knee from the foot.
   It's driving me crazy.

D : Are knee joint stiff and aching?

>>> **BIGSTONE'S TIP**

The traffic was bumper to bumper.
교통이 꽉 막혔어.

– 쥐나는 저림	– cramps
– 어린 시절	– grasshopper
– 무감각	– numb
– 삐다	– sprain
– 발등	– instep

탈골 Dislocated arm

병원 영어 회화 *Hospital English*

P: 팔 관절이 탈골되었습니다.

D: 팔이 부러진 것 같은가요?

P: 단지 팔이 마비된 것 같아요.
팔이나 손도 들 수가 없군요.

D: 어디 한번 봅시다.
팔이 따가운 통증이 있으신가요?

P: 팔을 펴거나 구부릴 수 없군요.
말을 듣지 않아요.

D: 간호사 일단은 에스레이를 찍어 봐요. 지금.

N: 필름 가지고 올게요.

>>> **BIGSTONE'S TIP**

My body got black and blue all over.
나의 온몸에 시퍼런 멍이 들었어.

P : I dislocated my arm joint.

D : Do you feel you broke your arm?

P : Just I feel numb and paralyzed
I can't lift my arm or hand.

D : Let me check it.
Do you have a smarting pain in you arm?

P : I can't extend and fold my arm.
It's out of controlled.

D : Nurse, Get a X-ray right away.

N : I will bring film.

>>> BIGSTONE'S TIP

A body shop 자동차 정비공장
film 발음에 유의 *'l'* 은 묵음.

- 탈골	- dislocated
- 마비	- numb and paralyzed
- 따가운 통증	- smarting pain

Chapter 6 정형외과 Orthopedic surgery

증상 Symptom

병원 영어 회화 *Hospital English*

P : 이 증상을 어떻게 표현해야 할까요?

N : 느끼시기에 심하게 아픈 건지, 가려운 건지, 당기는 듯한 통증인지, 뾰루지가 난 건지 아니면 딱딱한 종기 같은 게 있나요?

P : 누가 옆구리를 쿡쿡 찌르는 것 같아요.

N : 옆구리를 두들겨 볼게요.

P : 옆구리가 답답해요.

N : 숨쉬기는 괜찮았나요?

P : 그건 좋아요. 가슴이 뭔가 막힌 것 같아요.

>>> **BIGSTONE'S TIP**

Bosom buddy 부랄 친구, 소꿉친구

P : How can I express this sign?

N : You feel, severe pain, hurt itches,
pulling pain, rash or a stubborn boil?

P : I feel somebody give a poke to my side.

N : Let me pat on your side.

P : I feel oppressed in the side.

N : Is it easy to breathe?

P : That's OK. Something blocked up in my chest.

>>> **BIGSTONE'S TIP**

Do you have a family history of diabetes?
가족 중에 당뇨병인 사람이 있나요?

− 증상	− sign
− 심한통증	− severe pain
− 아프다	− hurt
− 가려운	− itches
− 당기는 듯한 통증	− pulling pain
− 뾰루지	− rash
− 단단한 종기	− a stubborn boil

요통 Back pain

병원 영어 회화 *Hospital English*

P : 허리를 펼 때 허리 밑쪽이 아파요.

D : 등을 저한테 돌려주세요.

P : 이렇게요? 기침할 때도 허리 아래가 아파요.

D : 그렇군요. 여기 아파요?

P : 아니요, 지금은 괜찮군요.
간간이 허리 통증으로 고생하고 있어요.

D : 내가 눌러 볼게요.

P : 아아… 그 부분이에요.

D : 디스크에 문제가 있는 것 같군요.

P : 축구 하다가 허리를 다친 적이 있어요.

>>> **BIGSTONE'S TIP**

cough drops 기침, *drops* 기침 약

P : When I try to straighten my back,
I feel lower back pain.

D : Turn your back to me.

P : Just like this? When I cough, my back hurts down here.

D : Yeah. Do you feel pain here?

P : No not really, I'm all right now,
I suffer back pain sometimes.

D : I will press it.

P : Ah ah… That's it.

D : You may have disc problem.

P : I had sprained my back playing soccer.

>>> **BIGSTONE'S TIP**

I have to run some errands today.
나 오늘 할일이 몇 개 있어.

- 쭉 펴다	- straighten
- 허리 아랫부분	- lower back
- 겪다	- suffer

Chapter 7

정신과
Psychiatry

치매 dementia

병원 영어 회화 *Hospital English*

R : 이 분은 제 어머니이신데요. 치매 의심 증상이 있는 것 같아 모시고 왔습니다.

D : 그럼 지금 연세가 어떻게 되시죠?

R : 저희 어머님은 올해 82세이십니다.

D : 아버님도 생존해 계신가요?

R : 아니요, 10년 전에 돌아가셨습니다. 그래서 혼자 사셨는데, 작년에 저희 집으로 모셔와 지금은 저희 식구와 같이 살고 있습니다.

D : 다른 질병 경력이 있으신가요?

R : 고혈압, 당뇨 등 합병증이 있으십니다.

D : 어떤 치매증상을 보이나요?

>>> **BIGSTONE'S TIP**

Booked up. *예약이 다 되다.*

R : This is my mother who has dementia
which throws doubt on.
That's why we are here.

D : How old is she upto now?

R : She is 82 this year.

D : Is her husband alive?

R : No, he passed away 10 years ago.
So she has lived alone but we took her our home
to live together.

D : Is there any other disease history?

R : She has hypertension, diabetes complicating disease.

D : What kind of dementia symptoms come?

>>> **BIGSTONE'S TIP** ··•

Walk the hospital. 의학생이 병원에서 실습하다.

- 의심 증상	- throw doubt on
- 돌아 가셨다	- passed away
- 고혈압	- hypertension
- 합병증	- complicating disease

정신 분열증 shizophrenia

병원 영어 회화 Hospital English

D : 몇 학년이니?

P : 14살, 중학교 1학년입니다.

D : 어떻게 이상한데요?

M : 자주 엉뚱한 행동이나 엉뚱한 말을 해요.

D : 예를 들면요?

M : 어제 저녁에는요, 방에서 공부하는 줄 알았는데
갑자기 이상한 옷차림을 하고 나와서 '나는 공주다' 하는 거예요.

D : 학생, 이리 와 봐요. 눈을 크게 떠보세요.
그리고 나를 똑바로 올려 쳐다보세요.
시선 집중이 잘 안 되는군요.
검사해봐야 정확한 병명이 나올 것 같은데
지금으로 봐선 정신 분열증이 있는 것 같네요.

>>> BIGSTONE'S TIP

In a fix 곤경에 처한

D : What grade are you in?

P : I am 14 years old, first grade in middle school.

D : How does it come?

M : She does occasionally strange behavior with abnormal words.

D : For example?

R : Yesterday evening, I thought she was studying in her room But suddenly she showed up wearing strange clothes and said "I am a princess."

D : Student come up to here. Open you eyes widely.
Look at me upright.
She doesn't focus well.
I can tell exact diagnosis after examination.
But now I can tell it seems like shizophrenia.

Chapter 7 정신과 Psychiatry

>>> **BIGSTONE'S TIP**

a lying-in(or a maternity) hospital
산부인과 병원

− 1학년	− first grade
− 종종	− occasionally
− 이상한 행동	− strange behavior
− 똑바로	− upright

대인 기피증 social phobia

병원 영어 회화 *Hospital English*

M : 의사 선생님, 이 아이는 제 아들로 지금 만 10살인데 매사에 소극적이고 겁이 많아 친구도 사귀지 못하는 것 같아요.

D : 아 그래요? 체격은 다른 애들보다 더 커 보이는데, 다른 이상은 없나요?

M : 날 때부터 체격은 좋았어요. 그런데 학교에 가서는 다른 아이들과 어울리지를 못하고 매일 집에서 하루 종일 혼자만 있으려고 해요.

D : 가족들하고도 대화가 없나요?

M : 아이 아빠는 직장에서 매일 늦게 오고 제게는 말을 잘 하지 않아요.

D : 말도 거의 하지 않고 매우 소극적이라는 말씀이군요. 학교 성적은 어때요?

M : Doctor, This is my son 10 years old.
He is very passive and scary in every situation.
He has hard problem making friend.

D : Oh he does? He looks like bigger than regular guys.
Does he have any other strange symptoms?

M : He was bigger when he was new born.
But in school. He has had troubles with friends
he keeps staying at home all day long.

D : Is there conversation with family?

M : His father comes back late from the work everyday.
My son doesn't make story.

D : You say your son doesn't like talking
and quite passive, How is his school work?

Chapter 7 정신과 Psychiatry

>>> **BIGSTONE'S TIP**

A seat suit 운동복

- 소극적이며 겁이 많은	- passive and scary
- 하루 종일	- all day long
- 학교 성적	- school work

113

기억 상실증 amnesia

병원 영어 회화 Hospital English

P : 저는 몇 년 전에 은퇴하고 집에서 쉬고 있는 사람인데 진찰을 받고 싶어서 왔습니다.

D : 은퇴한 지는 얼마나 되셨나요?

P : 은퇴한 지 4년이 되었습니다.

D : 어떤 문제라도 있으신가요?

P : 기억력이 매우 많이 떨어진 것 같아요. 보통 나이가 들면 기억력이 떨어지는 것이 당연하다지만 제 경우는 너무 심해요.

D : 어째서 너무 심하다는 생각을 하셨나요?

P : 바로 엊그제 일인데도 통 기억이 안 나는 경우가 있어요.

D : 보통 사람들도 그렇습니다.

P : 심지어 집 전화번호나 집사람 이름도 생각이 안 날 때가 많아요.

>>> **BIGSTONE'S TIP**

Alarm didn't go off. 알람이 안 울렸다.

P : I had retired a few years before taking a rest at home.
I'd like take a medical exam.

D : How long have you been retired?

P : It's been for 4 years.

D : Any problem bothers you?

P : I feel like losing my memory ability.
It's quite normal losing memory according to getting old.
But in my case it's a little bit serious.

D : What makes you think so?

P : I can not remember certain event happened
just a few days ago.

D : Normally everybody does.

P : Additionally, I can not remind home telephone number
and my wife name.

>>> **BIGSTONE'S TIP** ···•

hospitalism (병원시설의 결함에서 오는) 비위생적 상태

- ~에 의하면	- according to
- 부가적으로, 심지어	- additionally

115

알츠하이머 Alzheimer

병원 영어 회화 Hospital English

S : 제 아버지이신데, 노인성 치매로 생각됩니다.
한번 봐주세요.

D : 치매로 생각되는 행동을 하신 것은 언제부터입니까?

S : 몇 년, 2~3년 된 것 같아요.

D : 어떤 행동을 하십니까?

S : 전혀 의식이 없는, 이를테면 어린아이와 같이 생각이
없는 행동을 합니다.

D : 더 구체적으로 얘기해 보세요.

S : 이를테면 대변을 보고 그것을 손으로 벽에 칠하기도 합니다.

D : 심각하군요. 그 정도면 당장 격리 치료를 해야 되겠습니다.

>>> **BIGSTONE'S TIP**

clean needles 소독된 바늘

S: This is my father who has alzheimer symptoms. Please check him.

D: How long is it going since he did?

S: A few years? It will be 2 or 3 years.

D: What behavior does he do?

S: Unconscious, that is, he sometimes acts just like a child.

D: Explain me more detail.

S: For example, after defecating he paint wall with it.

D: It's quite serious, he must be isolated and cured.

>>> **BIGSTONE'S TIP**

Early adolescence 이른 청소년기

- 무의식적인	- Unconscious
- 배변하다	- defecating
- 격리 및 치료	- isolated and cured

대마초, 마리화나 cannabis(marijuana)

F : 제 아들을 데리고 왔는데요.
이 녀석이 마약을 하는 것 같아요.

D : 학생, 아버지 말대로 마약을 하나요?

P : 아니요, 전혀요. 친구들이 좋다고 해서 딱 한번
해본 것이 전부인데 아버지가 괜히 걱정하는 거예요.

F : 전혀 아니지. 제가 보기엔 한 두 번이 아니라
중독이 될 만큼 여러 번 한 것으로 생각됩니다.

D : 조사해 보면 알지요.
자, 학생 팔 좀 봅시다.

F : 의사 선생님, 주사가 아니라 코로 흡입
하거나 마시는 것 같아요.

D : 전부 자세히 검사를 해보겠습니다.
간호사, 이 학생을 데려가서 소변, 혈액, 그리고
모발 검사를 할 수 있도록 샘플을 채취해 주세요.

N : 네, 저를 따라오세요.

F : I've taken my son to hospital.
I feel he does drug.

D : Student, Have you smoked marijuana?

P : No, never. I tried just one time with friends.
That's all but my father is warring about it unnecessarily.

F : No, way. In my opinion.
I can tell he did many times could get addicted
not one or two times.

D : We can figure it out.
Well, let me see your arm.

F : Doctor, he seems like using nose or mouth.
Instead of using syringe.

D : I will check it all in details.
Nurse, take this student to get urine, blood
and hair inspection samples.

N : Yes, walk this way.

>>> **BIGSTONE'S TIP**

A pair of contacts 콘택트렌즈 한 쌍

– 불필요하게	– unnecessarily
– 중독된	– addicted
– 주사기	– syringe

Chapter 8

내 과
Internal Medicine

한기 Chilly

병원 영어 회화 *Hospital English*

D : 어떻게 아프세요?

P : 한기를 느껴요.

D : 그 외에 어디가 아프세요?

P : 배도 아파요.

D : 누르면 아픈가요?

P : 조금은요.

D : 식욕은 어떠세요?

P : 아직까지 식욕은 왕성해요.

D : 일단은 소변, 피, 대변 검사를 해야겠어요.

>>> **BIGSTONE'S TIP**

A nervous twitch 신경 경련

Chapter 8 내과 Internal Medicine

D : What kind of pain is it?

P : I feel chilly.

D : Any other place?

P : I have also stomachache.

D : Does it hurt when you touch it?

P : A little bit.

D : How is your appetite?

P : I have quite well appetite so for.

D : First of all, you'd better take urine, blood and feces test.

>>> **BIGSTONE'S TIP** .... ●

The faucet is leaking. 수도꼭지가 새다.

– 식욕	– appetite
– 소변	– urine
– 대변	– feces

건강 진단 Medical check up

병원 영어 회화 *Hospital English*

P : 건강 진단에 관해서 상담하러 왔습니다.

D : 아픈 적이 있었나요?

P : 아픈 적은 없었어요.

D : 술은 자주 드시나요?

P : 일주일에 몇 번은 마셔요.

D : 담배는 많이 피우시나요?

P : 몇 달 전에 끊었어요.

D : 소변에 피가 비치나요?

P : 아니요. 노란색만 띕니다.

D : 입원하실 필요는 없고요. 정밀 검사를 하는 게 좋겠어요.

>>> **BIGSTONE'S TIP**

Accommodation 숙박시설

P : I've come for a medical check up in general.

D : Have you ever had any trouble with you?

P : I've never had any sickness.

D : Do you drink alcohol often?

P : A couple of week.

D : Do you smoke frequently?

P : I quit smoking a few weeks ago.

D : Have you passed blood in your urine?

P : No, I just see it yellow colored.

D : You need not to be hospitalized we will exam you in detail.

>>> **BIGSTONE'S TIP**

The toilet is cloffed up. 변기가 막혔어.

- 종종   – frequently
- 피가 비치다   – passed blood
- 입원하다   – hospitalized

Chapter 8 내과 Internal Medicine

외래 환자 Out patient

병원 영어 회화 *Hospital English*

P : 매일 병원에 와야 합니까?
회사일로 바쁘기도 하고 집에서 회복할 수도 있을 것 같은데요.

N : 지금은 심하지 않아요. 하지만 수술해야 할 수도 있어요.

P : 위험할 수도 있나요?

N : 재발할 수도 있겠지요.

P : 혹시 부작용은요?

N : 걱정 마세요. 다 잘 될 겁니다.

P : 다음 주 언제 오지요?

N : 매주 화요일 오전 10시 예약해 놓을게요.

P : 검사가 있을 때 알려주세요. 식사하지 않고 오겠습니다.

>>> **BIGSTONE'S TIP**

Be at the same boat. 같은 처지에 있다.

P : Do I have to come to the hospital everyday?
I'm busy at work, it will be OK to recuperate at home.

N : It hurts, but not too much, surgery may cure it.

P : Is there any danger?

N : There will be a recurrence.

P : Perhaps any adverse reaction?

N : Never mind. Every thing will be perfect.

P : When should I come next week?

N : I will make an appointment at 10 o' clock A.M on Tuesday.

P : Notify me when test is. I will skip the meal.

>>> **BIGSTONE'S TIP**

I'd do it at the drop of a hat. 제가 바로 할게요.

- 회복   - recuperate
- 재발   - recurrence
- 부작용   - adverse reaction

주의사항 Caution

병원 영어 회화 Hospital English

P : 무슨 음식을 먹지 말아야 되나요?

N : 나중에 적어 드릴게요.

P : 샤워는 해도 되나요? 그리고 술은요?

D : 샤워는 3일 후에 하시고요. 술은 금하세요.
전에 걸렸던 코감기는 어떠세요?

P : 머리는 조금 띵 하지만 점점 나아지고 있어요.

D : 천식은 좀 어때요?

P : 만성 천식이 있는데요. 점점 나아지고 있어요.

D : 다른 질병 경력은 없나요?

P : 40대 초반에 당뇨를 앓은 적이 있어요.

>>> **BIGSTONE'S TIP**

Food for thought 생각할 거리

P : What kind of foods am I not allowed?

N : I will write it down later.

P : Can I take a shower and drinks?

D : You can take a shower 3 days later and don't drink.
How about the head cold you have had?

P : I've had hang over a little bit, It's getting better.

D : How about your asthma?

P : I have suffered from chronic asthma.
Is getting batter.

D : Do you have any other disease history?

P : I suffered from diabetes in my early 40's.

> > > **BIGSTONE'S TIP**

Pull your car over there. 저쪽에 차를 대세요.

– 받아 적다	– write it down
– 코감기	– head cold
– 만성 천식	– chronic asthma
– 40대 초반에	– early 40's

통증 Ache, Pain

병원 영어 회화 *Hospital English*

P : 멍든 곳이 아직도 아파요.
몸 전체가 뻑적지근합니다. 특히 여기 주변이 아파요.

D : 계속 통증이 있나요?

P : 불규칙적으로 아파요.

D : 심한 근육통인 것 같습니다.

P : 욱신욱신 쑤셔요.

D : 이 연고를 쓰시고 결과를 봅시다.

P : 매일 바르나요?

D : 아침저녁으로 하루에 2번 바르세요.

P : 혈액 순환에 도움이 될 것 같군요.

>>> **BIGSTONE'S TIP**

Over easy or sunny side-up?
한쪽은 살짝, 반대쪽은 바짝 익혀드려요?

P : I have still sore with bruise.
I feel aches all over. Especially, I feel pain around here.

D : Do you feel pain continuously?

P : The pain attacks me on and off.

D : I would say, it will be severe muscle pain.

P : It throbs.

D : Treat this ointment and then we check the result.

P : Do I spread it every day?

D : Twice a day morning and the evening.

P : It will be helpful for blood circulation.

>>> **BIGSTONE'S TIP**

Did you get your house chores done?
집안 일 다 했어?

– 전체에	– all over
– 불규칙 적으로	– on and off
– 연고	– ointment
– 바르다	– spread
– 혈액 순환	– blood circulation

Chapter 8 내과 Internal Medicine

131

창자 Intestine

병원 영어 회화 *Hospital English*

P: 큰창자에 문제가 있나요?

D: 직장과 막창자는 이상이 없어요.
하지만 상행결장과 하행결장에 작은 혹이 보이는 것 같습 니다.

P: 어쩐지 문지르면 아프곤 했어요.

D: 많이 아프신 건가요?

P: 찌르는 것처럼 아파요.
참을 수 없을 정도로 심하지는 않아요.

D: 미열도 있으신데 좀 더 경과를 보겠습니다.

P: 빨리 나았으면 좋겠군요.

D: 그렇게 되시기를 바랍니다.

>>> **BIGSTONE'S TIP**

I'd rather have it soft boiled.
그냥 반숙으로 해 주세요.

P : Is there any troubles in my large intestine?

D : There are no problems in rectum and cecum,
But we found a small wen in ascending and
descending colon.

P : Somehow when I rub, It hurts.

D : Does it hurt much?

P : I feel something stings it's not severe that
I can't put it up.

D : You've got slight fever Let's take a time to check it.

P : I want to be cured quickly.

D : I hope It would be so done.

> > > **BIGSTONE'S TIP**

What are friends for? 친구 좋다는 게 뭐겠어?

– 혹	– wen
– 비비다	– rub
– 맹장	– cecum
– 직장	– rectum

독감 Flu

병원 영어 회화 *Hospital English*

P : 독감 증세가 있어요. 감기가 떨어지지 않는군요.
감기 때문에 재채기가 자꾸 나와요.
간간이 헛기침도 나고요.

D : 환절기에는 조심하세요. 코는 막히나요?

P : 콧물만 흘러요. 곧 회복이 될까요?

D : 혈액 검사 한번 해보시겠어요?

P : 오늘은 좀 컨디션이 좋지 않아요.

D : 그럼 다음 주에 오실 때 병리실에서 식사하지 마시고
혈액검사 받으세요. 예약 넣어 놓을게요.

P : 좋은 생각입니다.

>>> **BIGSTONE'S TIP**

I'll tell you what. 잘 들어봐.

P : I have a touch of the flu. I can't get this cold away.
I sneeze too much due to cold.
Sometimes dry coughs too.

D : Be careful at the turning point of the season.
Is your nose stuffed up?

P : Just runny nose. Will I be cured well soon?

D : Do you want to have your blood examined.

P : I'm not in good condition today.

D : And then take blood test at pathology room
next week when you come to hospital.
I will book an appointment.

P : That's good idea.

>>> **BIGSTONE'S TIP**

None taken. 괜찮아.

- 헛기침	- dry coughs
- 환절기	- turning point of the season
- 막히다	- stuffed up

몸살 Suffering from fatigue

병원 영어 회화 *Hospital English*

P : 갑자기 고열이 납니다. 체온이 섭씨 39도까지 올라가요.

D : 기침할 때 가래가 나오나요?

P : 기침할 때 가래가 나와요. 목이 부어서 말하기도 힘들고요.

D : 과로에서 온 것 같군요.

P : 겨울마다 감기에 걸리는 것 같아요.

D : 예방 주사를 꼭 맞으세요.

P : 전에는 안 맞아도 잘 견뎌냈는데
점점 몸이 약해지는 것 같습니다.

D : 운동 열심히 하시고 금연하세요.

P : 담배 끊으려고 몇 차례 시도했는데 쉽지만은 않군요.

>>> **BIGSTONE'S TIP**

Enough is enough. 그 정도면 충분해.

P: I suddenly developed a high fever.
　　 I have a temperature of 39 degrees centigrade.

D: Do you have sputum when you cough?

P: I cough up phlegm. My throat is swollen hard to talk.

D: It seems from overwork.

P: I've got a cough every winter.

D: Take flu vaccination every year.

P: Without shot, I have got over the flu well.
　　 But I feel I am getting weak.

D: Exercise hard and quit smoking.

P: I have tried to quit smoking several times but I failed.

>>> BIGSTONE'S TIP

You've got me. 네 맘대로 해.

– 가래	– sputum, phlegm
– 섭씨	– centigrade
– 과로	– overwork

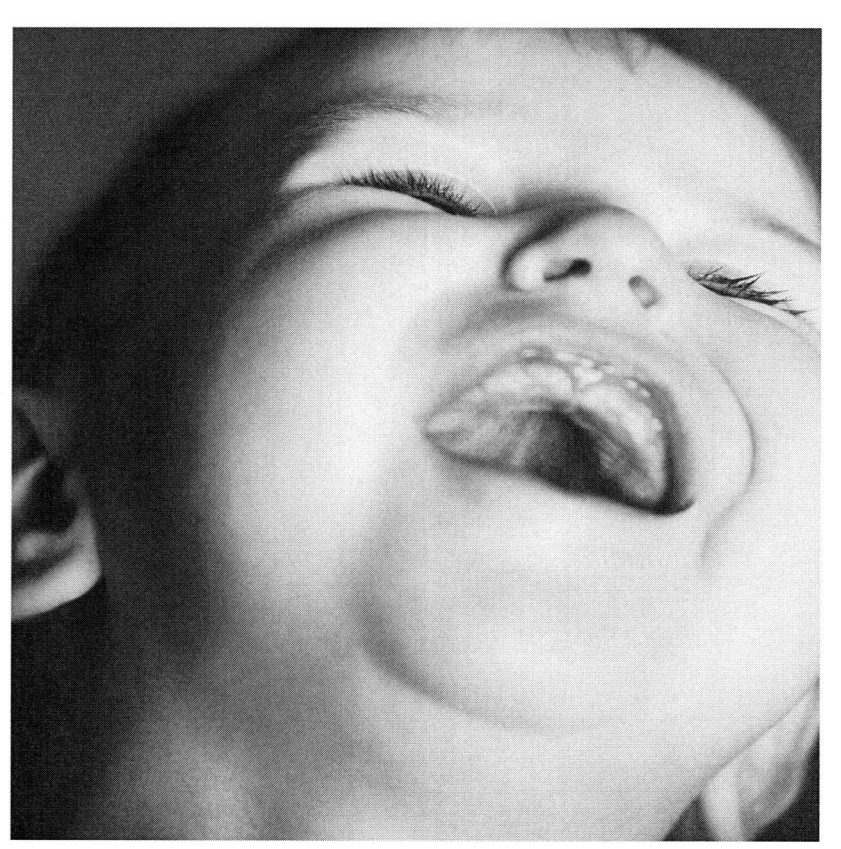

Chapter 9

이비인후과
Eye, Ear, Nose & Throat

진료순서 treatment order

병원 영어 회화 *Hospital English*

N : Mr. David, 다음 차례입니다. 대기하세요.

P : 서서 기다리나요?

N : 아니요, 앉아 계세요. 호출하면 들어오세요.

D : 귀가 어떻게 아프시나요?

P : 축구 하다가 공에 맞았어요.
관자노리가 뻑적지근하게 아픕니다.

D : 어디 보죠. 간호사! 청각시험 해보세요.

N : 예. 들리는 쪽 손을 드세요.

N : 기능은 정상입니다. 고막에도 이상 없어요.

>>> **BIGSTONE'S TIP**

What's the catch? 속셈이 뭐야?

N : Mr. David, you are next turn.
Get ready.

P : Am I waiting standing?

N : No, being sat.
When I call you come in the room.

D : What trouble do you have with your ears.

P : I was hit the ball during soccer game.
I have a throbbing pain in my temples.

D : Let me see that.
Nurse! check his hearing level.

N : Yes doctor.
Raise your hand where you hear.

N : Function of your ears is quite normal.
Your eardrums work well.

>>> **BIGSTONE'S TIP**

sew up 꿰매다

- 다음 순서   − next turn
- 관자노리   − temple
- 고막   − eardrum

Chapter 9 이비인후과 Eye, Ear, Nose & Throat

고름 pus

병원 영어 회화 *Hospital English*

N : Mr. KIM, 거기 있어요?

P : 지금 막 들어왔어요.

N : 지금 진료 시작합니다, 들어오세요.

D : 귀가 어떻게 아프지요?

P : 귀지를 팠는데 고름이 나왔어요.

D : 귀지를 많이 파지 마세요. 나쁜 버릇입니다.
주사 맞고 저희가 처방한 약 드세요.

N : 원무과에 수납하시고 약 잘 챙겨 드세요.
참, 주사실은 이쪽입니다.

P : 예, 고맙습니다.

>>> **BIGSTONE'S TIP**

pull trigger! 일단 해봐!

N : Mr. KIM, are you there?

P : I just stepped in.

N : Now we gonna go to work come on in.

D : How does your ear' s pain come?

P : The pus came out when I took out the ear dirt.

D : Don' t take out too many times. It' s a bad habit.
after taking shot, have the medicines which
we prescribe you.

N : Pay treatment bill to administrative department of
hospital. Keep the pills well.
This way, injection room right here.

P : Yes, Thanks.

>>> **BIGSTONE'S TIP**

Thanks for nothing. 난 상관없어.

– 들어오다	– stepped in
– 귀지	– ear dirt
– 진료비 내역서	– treatment bill
– 원무과	– administrative department
– 알약	– pills

증상 symptom

병원 영어 회화 *Hospital English*

N : 귀에 어떤 증상이 있나요?

P : 싸우다가 귀를 맞았는데 안 들립니다.

N : 네, 잠깐만요. 들어가시죠.

D : 어디 봅시다. 귀청에 문제가 있군요.
혹시 수술이 필요할지도 모르겠네요.

P : 청각 기능은요?

D : 검사 결과를 보고 수술여부를 결정합니다.
일단 입원하셔야 되고요. 간호사, 검사실로 안내하세요.

N : 네, 지금 입원하실 수 있죠?

P : 네, 그렇게 하겠습니다. 10분 내로 금방 오지요.

N : 일단 검사부터 하고 입원하시죠.

>>> BIGSTONE'S TIP

Let's go halves. 반반씩 내자.

Chapter 9 이비인후과 Eye, Ear, Nose & Throat

N : What symptoms do you have?

P : I was hit my ear when I fought. I hear nothing.

N : Yeah, just a second. Let's get in.

D : Let's see. you have problems with eardrum.
You may need surgical operation.

P : How about the function of hearing?

D : After we check the result, we will decide operation.
Anyhow you need to be checked in.
Nurse, walk down to the exam room.

N : Yes, can you be hospitalized now?

P : Yes, I will. I will be back within 10 minutes.

N : Take the exam prior to getting hospitalized.

>>> **BIGSTONE'S TIP**

Don't take it personally.
개인감정으로 그러는 거 아냐.

- 어쨌든	- Anyhow
- ~에 우선하여	- prior to

145

혀 tongue

병원 영어 회화 Hospital English

P : 혀가 부었어요.

D : 혀를 길게 내밀어 보세요.

P : 입맛도 없고, 식사 후에 가글링을 하고 있습니다.
  참 좋은 입안 소독 세척입니다.

D : 잇몸은 좀 어떠세요?

P : 잇몸도 잘 붓고 피가 간간이 나옵니다.

D : 약을 드릴 테니, 다음 주 이 시간에 다시 오세요.
  그전에 통증이 심하면 들리시고요.

P : 원인이 뭐예요?

D : 과음 때문에 몸의 저항력이 약해지는 것 같습니다.
  과음 하지 마세요.

P : 밴쿠버 동계올림픽 성적이 너무 좋아
  술을 마시게 되는군요. 술을 줄일게요.

P : I have a swollen tongue.

D : Put out your tongue longer please.

P : I have no appetite and I take gargling after meal.
It's good antiseptic mouthwash.

D : How about your gum?

P : My gum is easily swollen and blood often comes out.

D : I will prescribe you medicines, come up here at
this time next week. If pain comes, visit hospital.

P : What caused by?

D : Your resistivity is getting weak because of drinking.
Don't drink too much.

P : The excellent record of winter olympic in vancouver
makes me drink too much. I will cut it down.

>>> **BIGSTONE'S TIP**

Go for it. 얼른 해.

– 입안 세척	– mouthwash
– 저항력	– resistivity
– 줄이다	– cut down

부비동 sinus

병원 영어 회화 *Hospital English*

D : 코 증상이 어떤가요?

P : 콧물이 자주 나고 막혀요.

D : 부비동 검사를 해야겠군요.

P : 부비동이 뭔가요?

D : 코 안쪽 공간입니다.
바이러스가 감염되면 콧물이 많아질 수 있어요.
간호사, 검사 부탁해요.

N : 처방전은요?

D : 검사 결과가 나오면 다시 보고 처방하죠.

N : 이쪽으로 올라오시죠. 병리실은 2층이고요.
이것 가지고 가셔서 콧물 검사 받으시면 돼요.
이틀 뒤 10시에 다시 오세요. 미리 예약해 놓았습니다.

>>> **BIGSTONE'S TIP**

I have call-waiting. 전화 왔네.

D : Explain me your nose?

P : I have runny nose and stuffed up.

D : You gonna take sinus test.

P : What's the sinus?

D : It's a space inner part of nose.
When you are infected by virus you snivel too much.
Nurse, check him out.

N : How about the prescription.

D : I will prescribe after the result is out.

N : Come upto here.
Pathology room is located on second floor.
you can take the exam with this.
Come again at 10 o'clock two days later.
I made an appointment in advance.

>>> **BIGSTONE'S TIP** ....•

How crowded. 엄청 붐비는군.

– 막히다	– stuffed up
– 콧물이 흐르다	– snivel
– 미리, 사전에	– in advance

코피 epistaxis

병원 영어 회화 Hospital English

P : 코피가 아침마다 나요.

D : 어디 보죠.

P : 흠… 성장 과정에서 코 혈관이 예민한 경우 코피가 날 수 있어요.
너무 걱정 안 하셔도 돼요.

N : 이쪽으로 오세요.
약 잘 챙겨 드시고
코피가 나면 바로 지혈해주시고
입으로 숨을 쉬세요. 1주일 후 다시 오시면 됩니다.

P : 고맙습니다. 다음에 다시 올게요.

N : 몸조심 하세요.

P : 다음에 봬요.

>>> **BIGSTONE'S TIP**

Require a modification. 변경을 요청하다.

P : I have nose bleeding every morning.

D : Let me see that.

P : hmm… There is bleeding possibility
when growing up in case of sensitive nasal vessel.
Don't worry too much.

N : Come this way.
Keep eating the pills well.
When bleeding, stop it and breathe though mouth.
See you in one week.

P : Thanks a lot. I will come again.

N : Take care of you.

P : See you then.

>>> **BIGSTONE'S TIP**

*vessel*은 선박이란 뜻도 있다.

- 성장	- growing up
- 예민한	- sensitive
- 코 혈관	- nasal vessel
- 숨 쉬다	- breathe

임파선 lymph gland

병원 영어 회화 *Hospital English*

P : 쉰 목소리가 나고 말을 할 수가 없어요. 목은 점점 부어올라요.

D : 이번 기회에 수술하시죠.

P : 비용은 얼마 정도 드나요?

D : 그건 원무과에서 알려드릴 겁니다.
입원하시고 수술 일자는 다음 주 수요일입니다.

N : 몇 시쯤에요?

D : 3시 전후요.

N : 환자분 오늘 입원 가능한가요?

P : 지금 입원 하겠습니다.

N : 2병동 207호입니다. 지금 바로 가세요. 연락해 놓겠습니다.

>>> **BIGSTONE'S TIP**

A plaster cast 석고 캐스트

P : Husky voice comes out and I can't talk.
My neck is getting swollen little by little.

D : Why not taking the operation at this moment.

P : How much do I need the cost?

D : The administration department will let you know.
Check in first, operation date is next Wednesday.

N : Around what time?

D : Around three.

N : Is it possible to be hospitalized today?

P : I will check in right away.

N : It's room 207 2nd wing.
Go up to there now. I will inform them.

>>> **BIGSTONE'S TIP**

step by step 단계적으로

– 목 쉰, 알래스카 개 종류	– Husky
– 조금씩	– little by little
– 현 시점에	– at this moment
– 병동	– wing

가래 sputum, phlegm

병원 영어 회화 *Hospital English*

P : 목에서 가래가 많이 나고 피까지 나와요.

D : 아~ 하고 입을 벌리세요. 간호사, 목 뒤 좀 젖혀주세요.

N : 이렇게요?

D : 감기 증상이 있나요?

P : 조금이요.

D : 편도가 많이 부었어요. 주사 맞으시고,
3일후 다시 오시면 됩니다.

N : 다음 분 이쪽으로 오세요.
이 처방전으로 수납하시고 약국에서 약 타세요.

P : 얼마 동안 약을 먹어야 돼요?

N : 상태에 따라 다르지요.

>>> **BIGSTONE'S TIP**

one by one 하나씩

P : I have much bloody sputum.

D : Say ah~ open your mouth widely.
Nurse, lap the back neck a please.

N : Like this?

D : Do you have touch of cold?

P : A little bit

D : You have too much swollen tonsil.
Take the shot, come upto here in three days.

N : Next turn, come on in.
Pay with this bill then get the medicine at the pharmacy.

P : How long do I dose the pills?

N : It is upto your condition.

>>> **BIGSTONE'S TIP** ···•

No offense. 덤비지 마.

– 피 섞인 가래	– bloody sputum
– 젖히다, 무릎, 동계 올림픽 한바퀴, 싸다, 겹쳐 놓다	– lap
– 약국	– pharmacy
– 복용하다, 1회 복용량	– dose

155

편도염 tonsillitis

병원 영어 회화 *Hospital English*

N : 어떻게 오셨나요?

P : 편도선염이 있었어요.

N : 수술하신 적 있나요? 아니면 약만 드셨나요?

P : 약만 쭉 먹어 왔어요.

N : 여기 앉으세요.

D : 임파선이 상태가 안 좋군요.
5일 정도 입원 후에 통원치료 가능합니다.

P : 다음 주에 회사 행정업무 정리 후 입원 하겠습니다.

D : 그렇게 하세요.

>>> **BIGSTONE'S TIP**

side by side 나란히

N: What brings you here?

P: I feel I may have tonsillitis.

N: Have you ever got operation on it?
or you just have tried the medicine?

P: I have tried just medicine.

N: Sit right here.

D: Lymph gland is not in good condition.
Maybe after five days hospitalized
you may be out patient.

P: I will check in next week
after I arrange my paper work in the company.

D: Let's go it.

>>> **BIGSTONE'S TIP**

Bomb out. 박살나다.

- 편도선
- 외래 환자, 통원치료 환자
- 정리하다
- 서류 업무
- Lymph gland
- out patient
- arrange
- paper work

Chapter 9 이비인후과 Eye, Ear, Nose & Throat

기관지염 bronchitis

병원 영어 회화 *Hospital English*

D : 어디가 아프세요?

P : 목이 좀 아픕니다.

D : 알겠습니다. 열을 한번 재보겠습니다. 꽤 높네요.

P : 요즘 통 식욕이 없습니다.

D : 열이 높아지면 당연히 그렇겠죠.
맥박을 재 볼게요. 허리까지 벗으세요.
숨을 들이쉬고요.

P : 어디가 아픈 건가요?

D : 기관지염 증세가 보이는데요.

P : 심한건가요?

D : 아니요. 아직 초기단계입니다.
하지만 치료를 받으셔야 할 듯합니다.

D : What's your complaint?

P : I have a sore throat.

D : I see. I'll check your temperature.
You have a high temperature.

P : I've had no appetite these days.

D : That is quite natural when you have a high fever.
Let's your pulse. please strip to the waist.
Please take a deep breath.

P : Something wrong doctor?

D : You are suffering from a touch of bronchitis.

P : Is it a very serious case?

D : No, It's still in the early stages; but you do require immediate care.

>>> **BIGSTONE'S TIP** ·······································•

He is suffering from mental illness.
그는 정신병을 앓고 있습니다.

− 목이 쑤시는	− touch
− 식욕	− sore throat
− 요즘	− appetite
− 증세	− these days

Chapter 9 이비인후과 Eye, Ear, Nose & Throat

159

폐결핵 pulmonary tuberculosis

병원 영어 회화 *Hospital English*

D : 폐결핵으로 진단되셨습니다.

P : 어떤 치료법이 좋을까요?

D : 제일 좋은 건 휴식을 취하시는 것이고
음식은 소화가 쉽고 영양가가 좋은 음식만 드시면서
죽을 많이 드세요.
혈압이 높아요.
담배와 술을 끊으셔야겠습니다.

P : 음식은 마음대로 먹어도 돼요?

D : 안 되죠. 규칙적인 식사를 하셔야 해요.

P : 또 종종 피로를 느끼는데….

D : 잠깐 누우세요. 섬세한 검사를 해볼게요.

>>> **BIGSTONE'S TIP** ....●

plaster(adhesive bandage) 반창고

D : You have a pulmonary tuberculosis.

P : What is the best cure?

D : The best treatment is to take a rest in bed,
and to eat easily digestible and nourishing foods and
other rice fluids. You have very high blood pressure.
You must abstain from all alcohol and tobacco.

P : Can I eat anything I want?

D : I'm afraid not.
I shall also have to put you on a strict diet.

P : And I feel run down quite frequently….

D : Please lie down a moment.
I'll checkup you a thorough examination.

>>> **BIGSTONE'S TIP**

dextromanual 오른손잡이

– 소화할 수 있는	– digestible
– 몹시 피곤한	– run down
– 영양가 높은	– nourishing
– 죽	– rice fluid

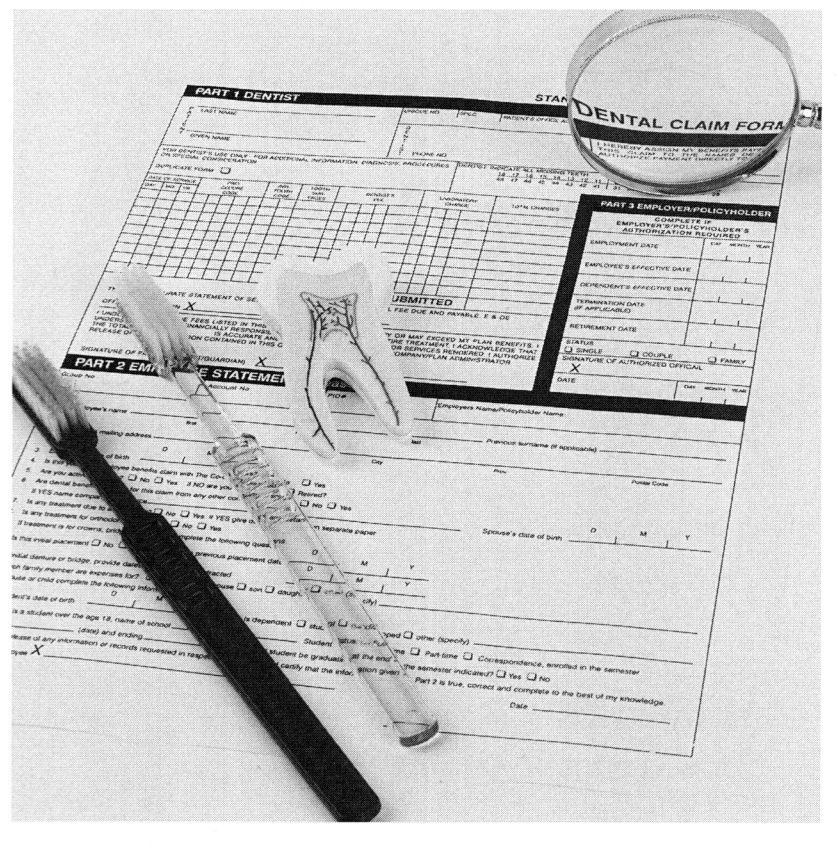

Chapter 10

치과
dentistry

발치 Pulling out

병원 영어 회화 *Hospital English*

P : 어금니 하나가 아픕니다.

D : 어디 한번 봅시다.

P : 충치가 매우 아픕니다.

D : 매우 심각합니다. 발치해야 될 것 같습니다.

P : 충치 3개를 한 번에 뽑나요?

D : 물론 아니죠. 2일 걸릴 겁니다. 오늘 2개 발치하고 내일 나머지 하나를 발치하죠.

P : 엄청 아파서 참을 수가 없습니다. 지금 발치하죠.

D : 다른 지병이 있나요? 고혈압이나 당뇨병이요.

P : 고혈압이 있습니다.

>>> **BIGSTONE'S TIP**

Vacancy 비워져 있는 상태

P : One of my teeth in the back hurts.

D : Let me see it.

P : I have a cavity in my tooth and it's very painful.

D : It's very serious.
It should be pulled out.

P : 3 decayed teeth shall be pulled out at a time?

D : Of course not. It will take two days.
We pull out two teeth today and the other one for tomorrow.

P : It hurts so much I can's stand it any longer. Let's go now.

D : Do you have any other disease?
Hypertension or diabetes.

P : I have hypertension.

>>> **BIGSTONE'S TIP**

He sobered up. 그는 술이 깼다.

– 충치	– cavity
– 썩은	– decayed
– 발치하다	– pull out

165

사랑니 wisdom tooth

P : 살짝만 건드려도 이가 무진장 아파요.

D : 어느 치아가 그렇죠?

P : 이쪽 사랑니요.

D : 많이 아픈가요?

P : 밥 먹을 때, 잇몸까지 따끔거려요.

D : 고름과 피가 잇몸에서 나오나요?

P : 항상 그렇진 않고요. 사과나 딱딱한 거 씹을 때 잇몸에서 피가 나요.

D : 이 치아는 너무 흔들리는군요. 발치합시다.

P : 찬 것을 먹으면 이가 쑤셔요.

D : 잇몸이 부어있군요.

P : Even a slight touch to the tooth is quite painful.

D : Which one do you mean?

P : This wisdom tooth.

D : How much is it painful?

P : When I chew rice, a sharp pain shoots through my gum.

D : Do blood and pus discharge from your gum?

P : Not usually. My gums bleed whenever I bite an apple or something like hard one.

D : This tooth is too loose. Let me pull it out.

P : When I try food cold my tooth smarts.

D : You have swollen gums.

>>> **BIGSTONE'S TIP**

Way to go! 한번 해봐!

- 어금니	- molar, grinders, back tooth
- 사랑니	- wisdom tooth
- 충치	- decayed tooth, cavity in a tooth

치석 tartar

병원 영어 회화 *Hospital English*

P : 잇몸이 붓고요, 양치질할 때 피가 납니다.

D : 언제부터 그랬나요?

P : 언제부터인지는 잘 모르겠는데요?

D : 어느 부위죠?

P : 이쪽 앞니요. 씹기가 많이 힘들어요.

D : 오, 앞니 중 하나가 깨졌군요.

P : 그래요? 부러지나요?

D : 발치할 필요는 없습니다.
제가 치료 한번 해보죠.
먼저 치아를 깨끗이 해야겠어요.
먼저 치석을 제거할게요.

>>> **BIGSTONE'S TIP**

Fill it up. 가득 채워주세요.

P : My gums are swollen and they bleed when I brush.

D : When does it start?

P : I have no idea about it.

D : Which part do you mean?

P : Here front tooth.
　　　I have difficulty chewing.

D : Oh, one of your front teeth is chipped.

P : Oh, really? will it be broken off?

D : You don't need to extract this tooth.
　　　Let me cure it.
　　　First you need to have your teeth clean.
　　　Let me remove the tartar from your teeth.

Chapter 10 치과 dentistry

>>> **BIGSTONE'S TIP**

Cut it out! 때려 치워!

- 깨지다	- chip
- 부러지다	- broken up
- 발치하다, 추출하다	- extract
- 치석	- tartar

초조 농루 pyorrhea

병원 영어 회화 *Hospital English*

P : 땜한 것이 떨어졌어요.

D : 충치에 때운 것이 떨어져 나갔군요.

P : 이 충치 좀 때워 주세요.

D : 먼저, 파노라마 X-ray를 찍어볼게요.

P : 시간이 얼마나 걸리죠?

D : 10분 정도 걸릴 겁니다.

P : 귀하고 목까지 엄청 아프군요.

D : 보기에는 초조 농루 같습니다.

P : 어떻게 치료 받아야 돼요?

D : 약을 드시면 됩니다.

>>> BIGSTONE'S TIP

Get real. 현실을 봐.

P : A cap has fallen off.

D : The filling of this tooth cavity fell out.

P : I wanna make this cavity filled.

D : First, let me take panorama X-ray.

P : How long does it take?

D : It will take ten minutes.

P : I have a severe pain that hurts as far as my ears and my neck.

D : It seems like pyorrhea.

P : How are they treated?

D : You just take pills.

>>> **BIGSTONE'S TIP** ···•

Don't bother. 신경 쓰지 마.

− 떨어지다	− fallen off
− 떨어져 없어지다	− fell out
− 충치	− cavity
− 초조 농루	− pyorrhea

171

의치 false tooth

병원 영어 회화 *Hospital English*

P : 의치 하나 하고 싶어요.

D : 이가 고르지 않군요.

P : 그래서 치아 하나를 발치했어요.

D : 아, 알겠어요. 먼저 본을 뜰게요.
양쪽 치아를 먼저 연마를 해야겠습니다.
마취제를 주사할게요.
잠깐 따끔할 겁니다.

P : 무서워요.

D : 참으셔야죠.

P : 어쩔 수 없네요.

D : 나중에 틀니도 하셔야겠어요.

P : 그렇게 많이 안 좋군요.

P : I want to have a false tooth put in.

D : You have crooked teeth.

P : That's why I pulled out one tooth.

D : Oh, I see. Let me mold it.
　　　I will grind two teeth around first.
　　　Let me inject lidocaine.
　　　It will be irritated for a moment.

P : I'am afraid of it.

D : Over come it.

P : No choice.

D : You must be got denture.

P : So worse I am.

Chapter 10 치과 dentistry

>>> **BIGSTONE'S TIP**

You'd better get a second opinion.
재진을 받아보는 게 낫겠는데.

－ 의치	－ false tooth
－ 불규칙한 치열	－ crooked teeth
－ 마취제	－ lidocaine
－ 따끔거리다	－ irritated

173

치은염 gingivitis

병원 영어 회화 Hospital English

P: 찬 것을 마실 때 이가 너무 욱신거려요. 침 뱉기도 힘들어요.

D: 어느 부위가 그렇죠?

P: 이쪽 송곳니요.

D: 아, 구취가 심하네요. 양치질 잘 하세요.
치은염의 원인이 될 수 있습니다.

P: 우리 집안 내력인 걸요.

D: 뻥치지 마세요.

P: 농담이죠.

D: 잇몸에 피는 나나요?

P: 간간이요. 지금은 피는 나지 않습니다.

>>> **BIGSTONE'S TIP**

Administer a shot 주사를 놓다

P : The tooth smarts when I drink something cold.
It's hard to spit out.

D : Which one do you mean?

P : This canine tooth.

D : You have halitosis. Do well tooth brushing.
It will be caused by gingivitis.

P : It's our family history.

D : Absolutely not.

P : It was joke.

D : Does your gum bleed?

P : Sometimes. It's not bleeding now.

>>> **BIGSTONE'S TIP**

English orthography 영어 철자법

- 욱신거리는	- smart
- 송곳니	- canine tooth
- 구취	- halitosis

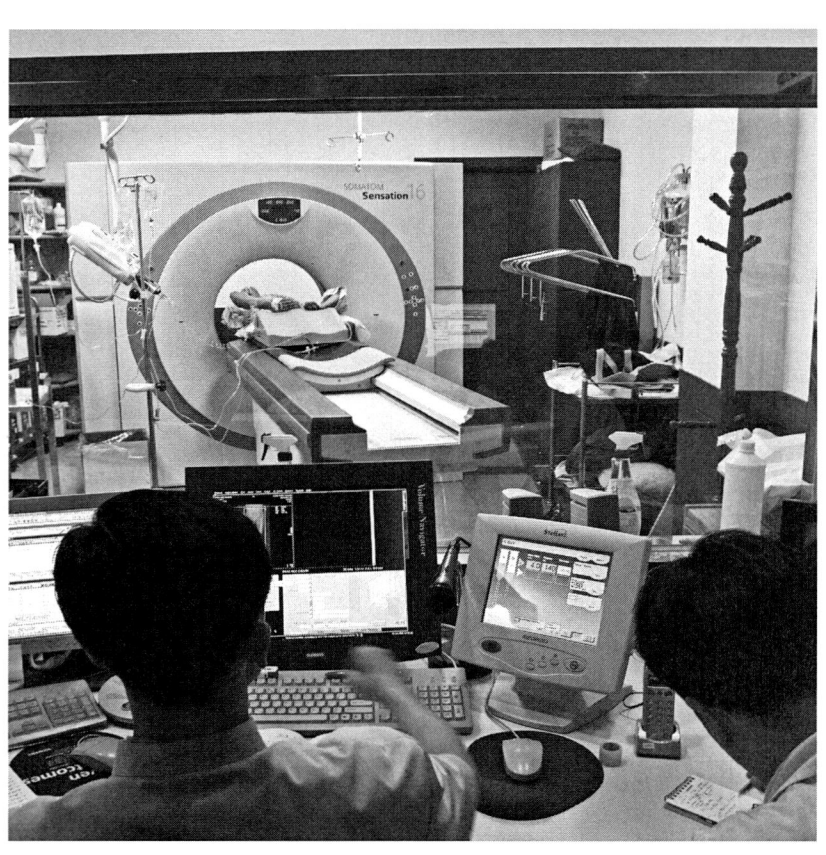

Chapter 11

종합검진
Comprehensive Medical Exam

수시검진 free check up

병원 영어 회화 *Hospital English*

P : 안녕하세요? 이번에 새로운 직장으로 취업하려는데
 종합검진을 받아오라고 해서 왔습니다.

N : 네, 그러세요.
 종합검진은 지금 당장 받을 수 있는 것이 아니니
 접수하고 잠시 기다리세요.

P : 알겠습니다. 접수는 어떻게 하나요?

N : 여기 있는 이 신청서를 기재해 주세요.

P : 몇 장을 작성하죠?

N : 2장 작성하시면 됩니다.
 이틀 후 오전 9시에 오세요.

P : 준비할 것은 없나요?

N : 검진 전날, 그러니깐 내일 오후 6시 이후에는 아무 것도
 드셔서는 안 됩니다.

P : 물도 안 되나요?

P : Hello? I'm planning to get a job,
company have me take comprehensive medical exam.

N : Oh you are.
The comprehensive medical exam is not available
right now. receipt first any wait.

P : OK. I see. How do I receipt.

N : Please fill out this application.

P : How many sheets do I fill out?

N : Fill it out two sheets.
Come up here at nine o'clock two days later.

P : Anything else do I have to have?

N : Just one day earlier, don't eat anything
after six p.m.

P : Not even water?

>>> **BIGSTONE'S TIP** ....•

Practice euthanasia 안락사 시키다

- 영수증, 접수하다	- receipt
- 하루 전	- one day earlier

정기검진 regular check up

병원 영어 회화 *Hospital English*

N : 오늘 정기 종합검진을 받기 위해 오신 분들인가요?

P : 네, 그렇습니다.

N : 이 검진카드에 이름 생년월일 등을 정확히 기재하세요.
　　다 쓰신 분은 검진복으로 갈아입고 오세요.

P : 어떤 것부터 하나요?

N : 처음에 몸무게를 재고,
　　키를 잰 후 옆방으로 가세요.

P : 옆방에서는 무엇을 하나요?

N : 혈압을 측정합니다.

P : 그 다음에는요?

N : 안과의 시력측정입니다.

N: Are you all here to take regular check up?

P: Yes, we are.

N: Write your name and birth date in the blank on this application. Every one who finished writing changes clothes and come to this way.

P: Which one do I take first?

N: Weight first, measure height then go to next room.

P: What do we do in the next room?

N: We are going to measure blood pressure.

P: And then next?

N: You are to take test for eyesight.

>>> **BIGSTONE'S TIP**

Prescribe an antibiotic 항생제를 처방하다

– 작성 양식	– application
– 측정하다	– measure
– 시력 검사	– test for eyesight

금연 상담 1 consultation for quitting smoking 1

병원 영어 회화 *Hospital English*

D : 저기요, Mr. Kim 하루에 담배를 얼마나 피우세요?

P : 2갑 피워요.

D : 2갑이요? 믿을 수가 없군요.
굴뚝에서 계속 연기 나는 것처럼 피우시던데
걱정되시진 않나요?

P : 염려하고 있죠. 전에는 이만큼 피우지 않았는데
일에 신경 쓰고 피곤하다 보니 더 많이 피우게 되었어요.

D : 그래요, 담배가 마음을 편하게 해준다고 사람들이
피우는 건 알지만 그쪽 건강도 생각하셔야죠.
조금 줄이는 건 어떠신지.

P : 노력은 하지만 줄이는 것조차 쉽지 않아요.
담배가 암을 유발시킨다는 것도 알고요.

>>> **BIGSTONE'S TIP**

reproof 잔소리

D : Hey, Mr. Kim. How many cigarettes do you smoke a day?

P : Two packs a day.

D : Two packs a day? Really? I can't believe that.
I noticed that you've been smoking like a chimney.
Aren't you worried about health?

P : Yes, I'm worried about my health. I didn't use to
smoke this much before. But as things are making
me nervous and tired, I become to smoke much more.

D : Yes, I know some people smoke because it makes them
feel easy. But really you should
be careful about your health.
You ought to think about cutting down a little bit.

P : Yes. I'm trying to, but it's still hard for me to
reduce the cigarettes.
I know that cigarette smoking causes a lot of cancer.

>>> **BIGSTONE'S TIP**

crawl 피부가 근질근질한

- 갑	- pack
- 굴뚝	- chimney
- 삭감하다	- cut down
- 암	- cancer

금연 상담 2 consultation for quitting smoking 2

병원 영어 회화 *Hospital English*

D : 보니깐 환자분 숨 쉬는 것도 무거워 보이던데
가슴이 아픈 적은 없나요?

P : 없어요. 하지만 아침에 속이 메스꺼워요.
담배 때문에 그런 건지도 몰라요.

D : 아마 타르와 니코틴 함량이 낮은 담배로는 바꿀 수 있겠죠?

P : 그래야겠군요. 하지만 담배를 끊는다면
신경이 예민해지게 될 것 같은데.

D : 맞아요. 이해가 가는군요. 하지만 금연하면
폐도 좋아지고 달리기도 쉽고
음식 맛도 좋아질 거예요.

P : 몇 번 끊으려고 시도는 했었죠.

D : 쉽지 않을 겁니다.

>>> **BIGSTONE'S TIP**

I got a try. 한번 시도해 봐야지.

D : I also notice that you're breathing a little heavy.
Do you ever have pains in your chest?

P : No, but when I wake up in the morning,
I feel a little nausea and
I think that's because of smoking.

D : Perhaps you can cut down to a cigarette with lower
tar and nicotine.

P : I'll try, but if I quit smoking, I think I would feel
a little nervous.

D : Yes. I understand. But if you stop,
your lungs will feel better,
and you'll able to run a little easier and
even food will taste better.

P : I have tried several time.

D : It's not go well with you.

>>> **BIGSTONE'S TIP**

Cold blooded! 썰렁하구먼!

– 가슴	– chest
– 메스꺼움	– nausea
– 폐, 허파	– lung

갱년기 menopause

병원 영어 회화 *Hospital English*

P : 생기 있는 삶은 언제까지일까요?

N : 갱년기를 말씀하시는 건가요?

P : 아! 맞아요.

N : 우리는 그것을 폐경기라고도 말을 해요.
　　　통상적으로 50 전, 후에 오지요.
　　　개인 건강 상태에 따라서 더 일찍 오기도 합니다.

P : 평균 나이보다도 일찍 올 수 있다는 말씀인가요?

N : 당연하신 말씀이죠. 항상 건강 신경 쓰세요.
　　　하지만 너무 걱정하지 마세요.
　　　요즘은 수명이 많이 늘어났어요.

P : 요즘에는 환갑잔치도 대수롭지 않게 여기더라고요.

N : 요즘 환갑은 청춘이죠.

>>> **BIGSTONE'S TIP**

appendicitis 충수염

P : When does the turn of life come?

N : You mean climacteric?

P : Yeah! that's it.

N : We say it 'menopause'. We are commonly faced
the menopause around age of 50.
But it could come early up to individual health.

P : Does it come earlier than average age?

N : Absolutely yes. Take will care.
But don't worry too much.
It's getting longer year by year.

P : Every body thinks the age '60' doesn't have meaning.

N : The age 60 th birthday is young age.

>>> **BIGSTONE'S TIP**

CPR(cardiopulmonary resuscitation)

– 개인의	– individual
– 평균	– average
– 환갑	– 60 th birthday
– 청춘	– young age

골다공증 osteoporosis

병원 영어 회화 *Hospital English*

D : 검사결과가 뼈의 밀도가 낮아지는 병세로 확인되었습니다.

P : 무슨 뜻인지요?

D : 그 병명은 '골다공증' 이라 불리지요.
골다공증의 원인에는 많은 것이 있지만
보통은 '에스트로겐' 의 결핍에서 오기도 합니다.

P : 어떻게 예방하지요?

D : 하나씩 설명 드리지요
폐경과 함께 주로 시작됩니다.

P : 저는 3년 전에 폐경이 시작되었습니다.

D : 호르몬의 변화가 많은 영향을 줍니다.

P : 약물치료가 가능한가요?

D : 몇 가지 검사 후에 가능합니다.

P : 여러 가지 요인이 있군요.

D : The result of the exam an illness
where bones become porous.

P : What do you mean?

D : That disease called 'osteoporosis'.
There are many causes of the osteoporosis but normally comes from the lack of 'estrogen'.

P : How can I prevent it?

D : I will let you know one by one.
It comes from menopause.

P : I have had the menopause since three years ago.

D : The variation of hormone affects on it.

P : Is it cured by medicine?

D : It could be possible after a few tests.

P : There are some reasons.

>>> **BIGSTONE'S TIP**

superior complex 우월감, 우등감

– 구멍 뚫린	– porous
– 폐경	– menopause

성인병 adult disease

병원 영어 회화 *Hospital English*

P : 성인병 검진 중에서 몇 가지 검사를 받아야 하나요?

N : 저희는 혈액 검사, 소변검사, X-ray 검사 외에 43가지를 하고 있습니다.

P : 비용이 얼마나 들지요?

N : 5만 원정도 들 겁니다.

P : 예약은 어떻게 하나요?

N : 전화나 방문해서 하실 수 있습니다.

P : 검사 결과로 어디서 진료 받나요?

N : 아무 병원에서나 받으실 수 있습니다.

P : 결과 보기가 겁이 나는군요.

N : 건강해 보이시는데요, 뭘.

P : 40대 이후에는 건강에 자신이 없군요.

N : 평균수명이 늘어나서 그런지 다들 건강하십니다.

P : How many tests do I have to take for adult disease?

N : We test blood, urine X-ray and other 43 tests.

P : How much does it cost?

N : You may pay about 50,000 won.

P : How can I make an appointment?

N : You can make it by calling and visiting.

P : Where can I be treated with the result.

N : Any hospitals you want.

P : I'm afraid of checking the result.

N : You look healthy anyway.

P : I don't have self confidence after 40's.

N : With increasing of average lifespan, every body is healthy

>>> **BIGSTONE'S TIP**

NPO(nothing by mouth) 금식

| - 수명 | - lifespan |

어린이 검진 kid's test

병원 영어 회화 *Hospital English*

P : 어린이를 위한 검진은 어떤 종류가 있지요?

N : 기생충 검사, 빈혈, 혈액형 검사 외 7가지가 있습니다.

P : 우리 아이는 제가 배를 누를 때 너무 아프다면서 펄쩍 뜁니다. 무엇이 원인이죠?

N : 글쎄요. 저희가 한번 체크해 보죠. 예약을 먼저 하세요.

P : 알겠어요. 내일 10시로 예약을 하지요.

N : 10시에는 안 되고요. 11시에 가능합니다. 괜찮으시겠어요?

P : 그러면 오후는 어때요?

N : 아, 오후는 어떤 시간이든 가능합니다.

P : 아이가 학교에서 2시에 끝나니 3시경으로 예약을 잡는 것이 좋겠네요.

P : What kinds of test are there for kid?

N : There are parasite, anemia, blood type
test and more 7 tests.

P : My kid says that when I press his abdomen he jumps because of the pain. What caused by?

N : Let me see. we will check it.
Make the appointment first

P : OK. we make it tomorrow morning at 10 o' clock.

N : It' s not available at 10 o' clock. But available at 11 o' clock.

P : How about afternoon?

N : Ah. Available anytime in the afternoon.

P : My kid is out of school at 2 o' clock.
So it' s better make at 3 o' clock.

>>> **BIGSTONE'S TIP** ··•

tid(three times a day) 하루 세 번

– 복부	– abdomen
– 하교	– out of school

장애인 검진 Disabled, handicapped person

병원 영어 회화 *Hospital English*

P : 장애인 검사가 가능한가요?

N : 왜 안 되겠어요?
언제든지 환영입니다.

P : 비용은 얼마나 들어가죠?

N : 시청 건강 센터에서는 무료입니다.

P : 오! 진짜요?
너무 과한 일로 인해 몸이 좀 아파요.
제 피로를 좀 완화시켜야겠어요.

N : 죽어라고 피곤하게 일하지 마세요.
피로를 푸시고요. 검사 또한 필요할 것 같네요.
장애자 등록증은 있나요?

P : 장애인 확인서 여기 있습니다.

N : 이거면 충분합니다.

P : Is it available to take the test for disabled?

N : Why not?
Anytime welcome.

P : How much do I pay for it.

N : It's free at health center in city hall.

P : Oh! really?
I feel sick from overwork I have to relieve my fatigue.

N : Don't get tired to death.
Relieve your fatigue. You also need the test.
Do you have registered certificate?

P : Here is the certificate.

N : That's enough.

>>> **BIGSTONE'S TIP** ....●

Youngin city has compensation plan.
용인시는 복리 제도를 시행한다.

– 과로	– overwork
– 피로	– fatigue
– 증명서	– certificate

195

간 기능 검사 Liver function test(LFT)

병원 영어 회화 *Hospital English*

P : LFT가 뭐죠?

N : 아, 그건 혈청에서 엔자임을 나타내는 거예요.
그 검사는 간의 손상 정도와 간 질환의 진행 상태를
확인하기 위하여 하는 검사법입니다.

P : 이 수치는 무엇을 의미하는 건가요?

N : 그 수치는 간이 손상되었을 때 증가합니다.
검사 방법에는 4가지 종류가 있는데
SGOT, SGPT, ALP 그리고 혈청 담즙 검사법이 있습니다.

P : 황달도 간 질환과 관련이 있나요?

N : 물론 있습니다.

P : 전에 지방간이 있다는 말을 들었어요.

N : 간암에 원인이 될 수 있으니 조심하셔야 합니다.

P : 그게 어디 뜻대로 되나요?

P: What's LFT?

N: It indicates enzymes in serum.
It's a inspection to find out the level of
liver damage and the procedure of liver disease.

P: What does the digits mean?

N: The digits increase if liver hurts.
There are 4 sorts of test.
SGOT, SGPT, ALP and serum bilirubin.

P: Is the jaundice related to liver disease.

N: Of course it is.

P: I heard that I had fatty liver.

N: It is caused to hepatoma. Be careful.

P: It's out of my intention?

>>> **BIGSTONE'S TIP**

Our hospital is under restructuring.
우리 병원은 구조조정 중에 있다.

- 간 손상	- liver damage
- 효소 이름	- enzymes
- 황달	- jaundice

위 검진 gastric test

병원 영어 회화 *Hospital English*

N : 당신의 증상을 모두 설명해 보세요.

P : 오늘 아침에 생선뼈가 제 목에 걸린 것 같았어요.

N : 생선뼈를 빼내셨나요?

P : 아니요, 그냥 삼켜 버렸어요.
그 다음에 아무 것도 먹지 못하겠는 걸요.
심지어 물도 못 마시겠어요. 막 토할 것 같아요.

N : 식욕은 어떠세요?

P : 아무 것도 먹고 싶지 않아요.

N : 위 검사를 해야겠는걸요.

P : 위 내시경을 얘기하시나요?

N : 직접 보는 검사법이 제일 빠르지요.

N: Explain me all of your symptoms.

P: I felt that fish bone was
stuck in my throat this morning.

N: Did you take it out?

P: No, I swallowed it at once.
I can't fold anything in my stomach.
Also I can't drink water feeling like vomiting.

N: How about appetite?

P: Absolutely no appetite.

N: Let's take a gastric test.

P: Do you mean gastro endoscopy?

N: It's the best way looking at naked eyes.

>>> **BIGSTONE'S TIP**

semen, sperm 정액 *ejaculation* 사정

− 생선뼈	− fish bone
− 토하다	− vomiting
− 위장의	− gastro
− 내시경	− endoscopy

신종 플루(H1N1) 예방 접종 swain flu A(H1N1) vaccination

병원 영어 회화 *Hospital English*

P : 코감기에 걸린 것 같아요.
　　학교에서 감기가 옮았나 봐요.
　　기침할 때, 가래가 넘어와요.

N : 신종 플루 검사 좀 해야겠어요.

P : 그게 뭐죠?

N : 2가지의 플루가 있는데,
　　하나는 계절성 플루고 다른 하나는 신종 플루에요.
　　두 가지다 접종해야 돼요.
　　폐렴이 올 수도 있습니다.

P : 신종 플루는 매년 오나요?

N : 아무도 장담할 수 없죠.

P : 우리 친척 중에 신종 플루에 걸린 학생이 있었어요.

N : 변종 플루가 생길 수도 있습니다.
　　백신을 꼭 맞으세요.

P : I feel like having a head cold.
　　 I think I've caught a cold from school.
　　 When I cough, sputum comes up.

N : Let's take A(H1N1) flu test.

P : What's that?

N : There are two kinds of flu.
　　 One is season flu, the other is swain flu.
　　 You have to take shots both of them.
　　 It could come with pneumonia.

P : Does the swain flu come every year?

N : Nobody can tell about it.

P : I have one relative student who took swain flu.

N : It could be changed to mutation flu.
　　 Take the vaccination well.

>>> **BIGSTONE'S TIP**

detoxication 해독 작용

– 계절성 독감	– season flu
– 친척	– relative
– 변종	– mutation

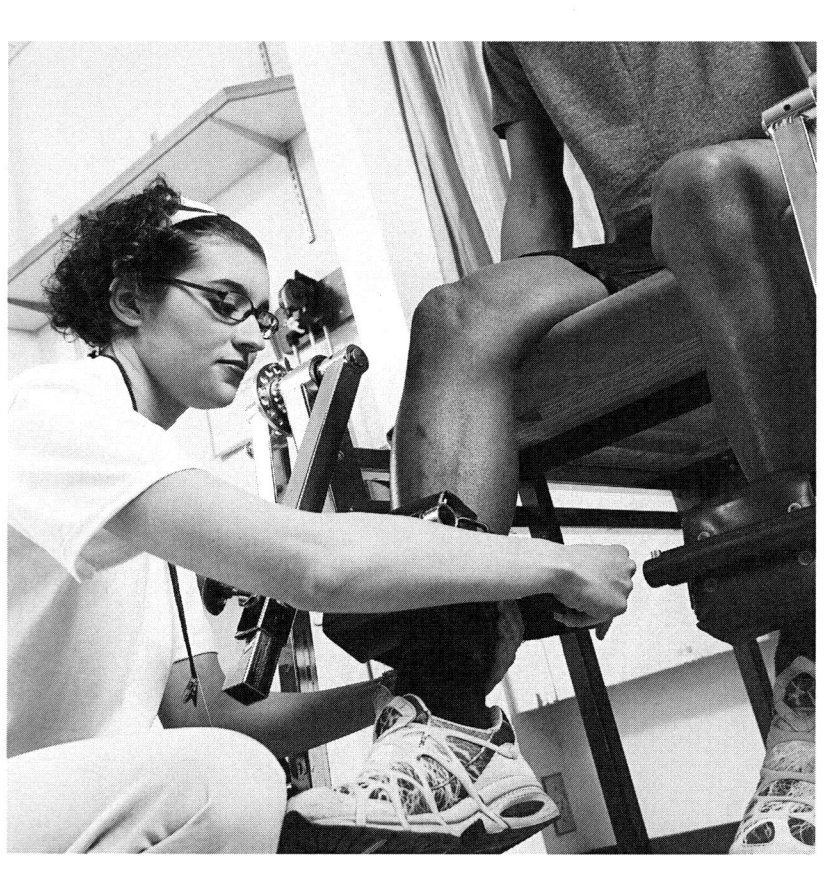

Chapter 12

물리치료
Physical Therapy

어깨 저림 dull pain of shoulders

병원 영어 회화 *Hospital English*

P : 저는 50세 된 가장인데요. 어깨가 저려서 왔습니다.

N : 어느 부분이 저리나요?

P : 여기 오른쪽 뒤 어깨가 매우 아파요.

N : 아, 그래요. 담당 의사 선생님께 진단을 받고 치료하도록 하지요.

D : 이 부분이 저린다고 하셨는데, 보통 어떻게 저리나요?

P : 통증이 심해서 밤에 잠을 제대로 못 잡니다. 욱신욱신 쑤셔요.

D : 지가과민인 것 같습니다.

P : 그래요? 그럼 어떻게 하죠?

D : 우선 치료실에 가서 치료를 받으세요.

>>> **BIGSTONE'S TIP**

물리치료 시 환자 방향에 관한 요긴한 단어

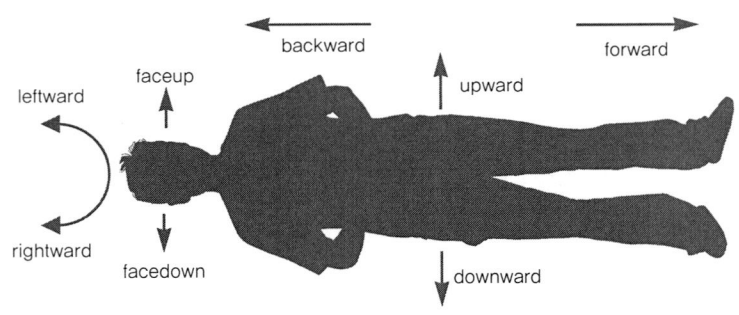

P : I'm the head of family becoming 50 years old.
I'm here with a dull pain of shoulder.

N : Where do you feel the dull pain?

P : I feel it here right-back of shoulder.

N : Ah, you do. We treat it after getting doctor's diagnosis.

D : You told me here,
How does it normally come?

P : I couldn't fall in sleeping well.
It's pricking.

D : It seems like a hyperesthesis.

P : Is that so? What do we do now?

D : First of all, go and take treatment at the cure room.

>>> **BIGSTONE'S TIP**

On medication 약물 치료중인

- 저리는 통증	- dull pain
- 오른쪽 뒤	- right-back
- 욱신거리다	- pricking

Chapter 12 물리치료 Physical Therapy

물리치료 1 physical therapy 1

병원 영어 회화 Hospital English

R : 안녕, 병문안 왔어. 몸은 좀 어때?

P : 많이 좋아졌어. 이젠 안정을 취하고
음식만 잘 맞춰 먹으면 된다고 하더라.
틀림없이 곧 일어나서 활동하게 될 거야.
물리 치료를 열심히 해야지.

R : 그 말을 들으니 마음이 놓이네. 처음에 아플 땐
열이 높았다고 알고 있는데.

P : 그렇지. 처음 며칠은 열이 올라가서 걱정했어.
그러나 지금은 회복중이라니 안심이야.

R : 좋은 소식이군. 너를 위로하려고 꽃을 가져왔어.

P : 이번 기회에 핫백을 하나 장만해야겠어.

R : 찜질을 얼마나 자주 한다고?

>>> **BIGSTONE'S TIP**

southpaw 왼손잡이

R : Hello, I came to inquire after the condition of you.
How are you?

P : Much improved, thanks.
The doctor says that all I need is perfect rest,
and a balanced diet. I'm sure I'll soon be up
and about again. I will take physical therapy hard.

R : I'm relieved to hear that.
I understand you had a very high fever when you first fell ill.

P : Yes. for a few days, I worried because of my
rising temperature. But I'm steadily improving now.

R : I'm really glad.
Here are some flowers to cheer you up.

P : I'll buy 'hot bag' at this moment.

R : How many a hot compress will be?

>>> BIGSTONE'S TIP

preaching 설교

– ~을 문병하다	– inquire after
– 호전되다	– improved
– 마음을 놓다	– relieved
– 꾸준히	– steadily

원 적외선 치료 far infrared therapy

병원 영어 회화 *Hospital English*

R1 : 들어와. 널 보면 반가워할 거야.

R2 : 들어가도 될까?

R1 : 당연하지. 지난주만 해도 면회객은 금지였지만 지금은 상관없어.

R2 : 잘 있었니? 메리. 상태는 좀 어때?

P : 어머 김 군, 정말 만나서 반가워. 이젠 거의 완쾌됐어.

R2 : 의사가 어떤 진단을 내렸는데?

P : 요즘 유행하는 독감에 걸린 거래.

R2 : 병세가 좀 심했던 모양이네.

P : 그런가봐. 하지만 2, 3일 지나면 회복된다고 하더라고. 원적외선 치료를 겸하니 한결 좋아지고 있어.

R1 : Come on in. She'll be happy to see you.

R2 : May I come in?

R1 : Sure. Visitors were not allowed until last week. But it's all right now.

R2 : Hi, Mary? How do you feel?

P : Hi, Mr. Kim. I'm so delighted to see you. Now I'm quite all right.

R2 : How has the doctor diagnosed your case?

P : He says I've caught the flu. They say there's a lot of it going around now.

R2 : I believe your case was very serious.

P : Yes. But the doctor says that I'll be back on my feet again in a few days. Far infrared therapy helps me getting better.

>>> **BIGSTONE'S TIP** ··•

crawl 피부가 근질근질한

- 허가되다	- allowed
- 아주 기뻐하는	- delighted
- 진단하다	- diagnose

찜질 Applying hot pack

병원 영어 회화 *Hospital English*

P: 등 윗부분 깊숙한 곳에서 심하게 통증이 있습니다.

N: 다른 증상은요?

P: 간간이 다리에 쥐가 나기도 합니다.

N: 핫백으로 치료하지요.
쥐가 나는 것하고 진통을 줄여줄 겁니다.
여기는 일주일에 두 번씩 오세요.

P: 몸이 뻐딱해서 등이 역시 아픈 것 같아요.

N: 자세 교정도 필요하신 것 같군요.

P: 운동 요법도 같이 할까요?

N: 그러시면 효과가 빠르지요.

P: 당장 운동 요법을 해야겠어요.

>>> **BIGSTONE'S TIP**

squeezing pain 쥐어짜는 듯한 통증

P : I have a severe feeling deep in my upper back

N : Other symptoms please?

P : I sometimes get a prick in my leg

N : Let's take applying hot pack.
It will reduce you the sharp pain and prick.
And please come up here twice a week.

P : Because of my unnatural posture, my back hurts too.

N : You also need exercise therapy.

P : Shall I accept it simultaneously?

N : That will bring the effect quite well.

P : I'll carry out immediately.

>>> **BIGSTONE'S TIP**

My heart goes pit a pat. 심장이 두근두근한다.

− 쥐가 나다	− prick
− 동시에	− simultaneously
− 자세	− posture
− 실행하다, 실천에 옮기다	− carry out

안마 치료 massage treatment

병원 영어 회화 *Hospital English*

P : 머리가 많이 아파서 어느 방향으로도 돌리기가 힘듭니다.

N : 목이 삐셨습니까?

P : 차를 갑자기 세웠을 때 목이 조금 꺾였어요.

N : 안마 치료를 하겠습니다.
　　　침대에 누우세요. 30분 정도 걸릴 겁니다.

P : 안마사가 오나요?

N : 아니요 안마 기구가 있어요. 두들기는 기구죠.

P : 요즘은 안마 의자도 있더군요.

N : 찜질방에 있지요? 요금은 한번에 1,000원 하는 것 같은데.

P : 몇 분 작동하더군요.

N : 그것으로는 불충분하지요.

P: My head is so painful,
so It's hard to turn in any directions.

N: Did you strain your neck?

P: My neck snapped when I pulled over rapidly.

N: I'll treat you patting therapy.
Lie down on bed. It'll take half an hour.

P: Does the massagist come?

N: Negative, we use a kneader. It's patting instrument.

P: I have found massage chair.

N: In massage room? The fare is about 1,000 won per time.

P: It works just a few minutes.

N: I can't tell enough.

>>> **BIGSTONE'S TIP**

bulge 더부룩한 느낌

- 두들기는 치료법	- patting therapy
- 차를 세우다	- pulled over
- 안마사	- massagist
- 요금	- fare

213

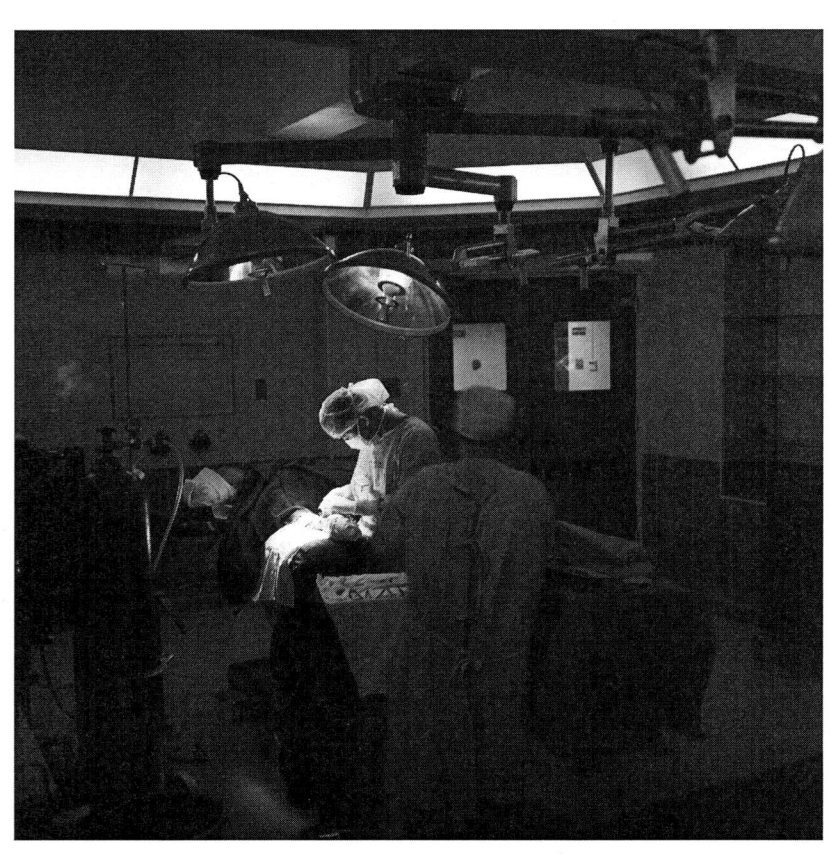

Chapter 13

수술실
Operation Room

위암 gastric cancer

D : 환자께서는 위암수술을 해야 합니다.

P : 수술 날짜와 시간을 알려주세요.

D : 간호사, 환자에게 정확한 날짜와 시간을 알려주세요.

N : 3일 후 오전 10시입니다.

P : 제가 준비할 것이 있나요?

D : 수술 12시간 전부터는 아무것도 먹으면 안 됩니다.

P : 물도 안 되나요?

D : 병원에서 지급하는 깨끗한 물은 드세요.

P : 수술 시간은 얼마나 걸립니까?

D : 약 2시간 정도입니다.

P : 마취를 하고 수술하나요?

D : 예, 전신마취를 할 겁니다.

D : You must get gastric cancer operation.

P : Inform me the date and time.

D : Nurse, let this patient know the date and time.

N : It's 10 o' clock after 3days.

P : What do I have to do for it?

D : Don't eat anything for 12 hours before operation.

P : Not even water too?

D : Only water, hospital supplies, clean one.

P : How long will it run?

D : Approximately 2 hours.

P : Am I under the anesthesia?

D : Absolutely, We conduct general anesthesia.

>>> **BIGSTONE'S TIP**

Local anesthesia 국소 마취

| – 전신 마취 | – general anesthesia |
| – 대략 | – Approximately |

뇌 cerebral

병원 영어 회화 *Hospital English*

P : 의사 선생님, 뇌수술을 한다고 하니까 너무 무서워요.

D : 겁먹지 마세요. 별일 없을 겁니다.

P : 수술할 때 수술실에는 몇 분이나 들어오시죠?

D : 저를 포함해서 관련 전문의 2명, 레지던트 2명,
간호사 4명 등 총 8명이 들어갑니다.

P : 수술시간은요?

D : 정밀을 요하는 수술이라 3시간 정도 걸릴 것 같습니다.

P : 마취는 하나요?

D : 물론입니다. 전신마취를 합니다.
환자분은 그냥 잠만 잔다고 생각하세요.

P : 성공확률을 말씀해 주세요.

D : 90% 이상입니다. 너무 걱정하지 마세요.

P : Doctor, I'm so scared facing brain operation.

D : Don't be afraid too much. Nothing will happen.

P : When operating, how many people participate?

D : They are total 8 medical members,
2 doctors including me, 2 residents and 4 nurses.

P : The operation time?

D : It will take about 3 hours needing precision.

P : Need I have a anesthesia?

D : Of course. We do that.
You just think you are sleeping.

P : Tell me the probability of success.

D : More than 90%. Get out of the worry.

>>> **BIGSTONE'S TIP**

Chronic constipation 만성 변비

− 참가하다	− dull pain
− 정밀	− right-back
− 확률	− pricking

치질 hemorrhoid

병원 영어 회화 *Hospital English*

P : 막상 수술을 한다고 하니깐 마음이 긴장돼요.

D : 간단한 수술이니 걱정하지 마세요.

P : 수술 후 완치되려면 오래 걸리나요?

D : 오래 걸리지 않습니다. 금방 회복할 거예요.

P : 전신 마취를 하나요?

D : 아니요. 부분마취를 합니다.

P : 수술 후에 바로 대변을 볼 수 있습니까?

D : 바로는 안 좋지요. 그러니까 수술 전에 뱃속을 비워 놓으세요.

P : 따로 준비할건 없나요?

D : 전혀요.

P : I am nervous hearing operation.

D : It's simple operation don't worry.

P : Does it take long to be
perfectly cured after operation?

D : It doesn't take long. You will recover soon.

P : Do I take general anesthesia?

D : No. Local anesthesia.

P : Can I go to stool after operation?

D : Not at once. That's why you must keep
Your stomach empty.

P : Any other things to get ready?

D : Not at all.

Chapter 13 수술실 Operation Room

>>> **BIGSTONE'S TIP**

Prevent osteoporosis 골다공증을 예방하다

- 긴장한	- nervous
- 회복	- recover
- 텅 빈	- empty

백혈병 leukemia

병원 영어 회화 *Hospital English*

P : 이제 내일이면 백혈병 수술을 받게 되네요. 겁나고 두려워요.

N : 불안해하지 마세요. 수술을 해야만 완치가능성이 높습니다.

P : 그 가능성은 얼마나 되나요?

N : 의사 선생님 말씀이 반반이라고 했습니다.

P : 의사 선생님 좀 볼 수 있을까요?

D : 네, 왜 그러시나요?

P : 많은 돈을 들여서 이 수술을 하고도
호전되지 않으면 어떻게 하지요?

D : 우리는 최선을 다할 것입니다. 기도하세요.

P : 기도가 병을 낫게 해주나요?

D : 내가 이 병을 이길 수 있다는 생각이 매우 중요합니다.
끝까지 포기하지 마세요.

P : Now tomorrow is planned to take leukemia. It's so scary.

N : Don't be afraid of it. Operation will enhance
the perfect recover.

P : How is the possibility?

N : Doctor says it's fifty fifty.

P : Can I see a doctor?

D : Yes, what for?

P : If I'm not getting better after operation spending
a lot of money. How do I do?

D : We are doing our best. Just pray.

P : Does the praying work?

D : It's important I can overcome my disease.
Don't give up to the end.

>>> BIGSTONE'S TIP

A degenerative condition 퇴행성 질환

| - 향상시키다 | - enhance |
| - 반반 | - fifty fifty |

맹장염 appendicitis

병원 영어 회화 Hospital English

D : 급성맹장염이니 빨리 수술을 해야 되겠습니다.

P : 언제쯤이요?

D : 지금 당장 해야 합니다.
시간이 지체되어 맹장이 터지면 위험하기 때문이지요.

P : 수술 후 많이 아픈가요?

D : 별로 아프지 않습니다.

P : 배를 얼마나 절개하나요?

D : 요즘은 수술기술이 발달되어 1~2cm만 자르기 때문에
표도 잘 나지 않습니다.

N : 수술대 위로 올라와 누우세요.

P : 아프지 않게, 표 나지 않게 잘 부탁합니다.

D : It's acute appendicitis, let's hurry up taking operation.

P : When does it come?

D : We do it right away.
When time is running out. Cecum is getting dangerous.

P : Am I faced much pain?

D : Not so much.

P : How long do you incise the abdomen?

D : Operation is developing nowadays. So we incise 1~2cm.
It's not well revealed.

N : Come upto bed and lie down.

P : Make it small with no pain please.

>>> **BIGSTONE'S TIP**

Migraine attacks 심한 편두통

- 맹장	- cecum
- 절개하다	- incise
- 나타나다	- reveal

포경수술 circumcision

병원 영어 회화 *Hospital English*

P : 난 15세의 사춘기 소년입니다.
포경이에요.
포경수술을 받고 싶어요.

N : 먼저 수술 예약을 하자.

P : 수술시간은 얼마나 걸려요?

N : 대략 30분 정도. 표피제거 후에 봉합할 거야.

P : 비용은요?

N : 15만원이야.

P : 반말하지 마세요.
좀 공손하게 말할 수 없어요?
수술 안할까보다.

N : 미안해 수술하자. 반말하지 않을게.
근데 영어에선 반말이 없잖아, 곰팅아.

P : 죽을래?

P : I am 15years old boy in adolescence. I have phimosis.
I'd like to take circumcision.

N : First, Let's decide the peration date.

P : How long does it take. the peration times?

N : Approximately half an hour.
After cutting off the foreskin then we will suture it.

P : How about the cost?

N : It costs 150,000 won

P : Don't use crude language. Can't you be more polite?
I might not take operation.

N : Sorry for it, let's go for operation.
I will be polite.
But there is no polite expression in English. Idiot!

P : You wanna die?

>>> **BIGSTONE'S TIP**

duodenitis 십이지장염

- 사춘기	- adolescence
- 봉합하다	- suture
- 천치, 바보	- Idiot

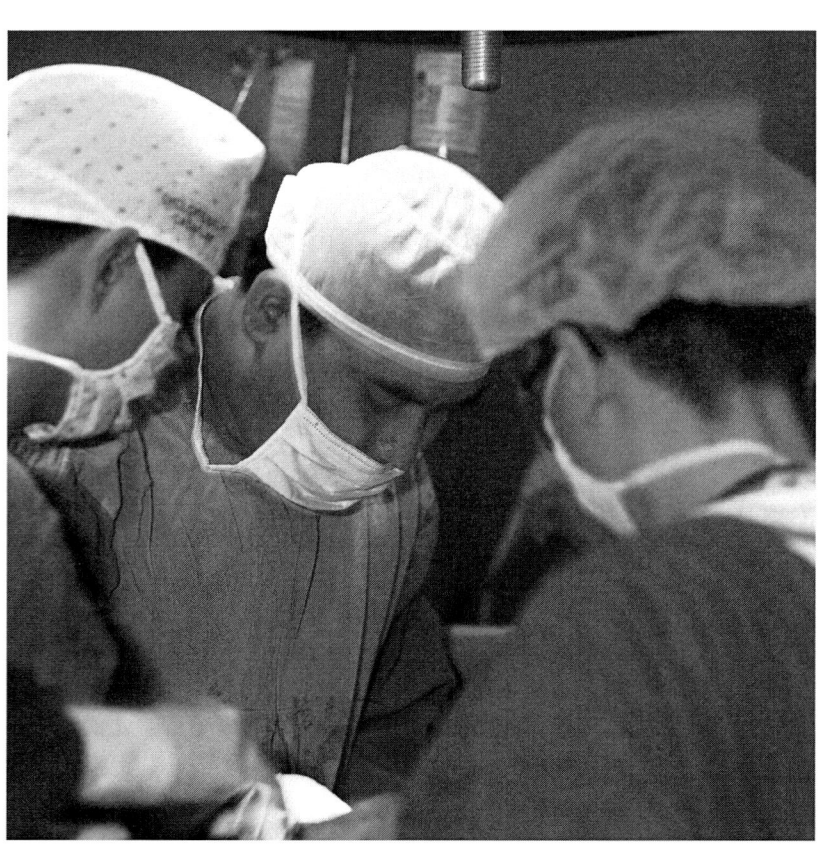

Chapter 14

응급실
Emergency Room

복통 Stomachache

병원 영어 회화 Hospital English

R : 갑자기 배가 아프다고 해서 데려왔습니다.

N : 그러세요. 이쪽 침대에 눕히세요.

R : 배가 어떻게 아팠는지 데굴데굴 구르며 울었어요.

N : 이 체온계를 물고 계세요.

D : 어디가 어떻게 아프나요?

P : 왼쪽 아랫배가 뭐로 찌르는 것처럼 아파요.

D : 여기요?

P : 네, 바로 거기에요.

D : 급성 맹장염인 것 같은데요.
혹시 맹장 수술한 적 있으세요?

P : 아니요.

R : He complains of a sudden stomachache.

N : He does. Make him lie down on bed here.

R : He tumbled in stomachache crying.

N : Hold this thermometer between the teeth.

D : Where do you feel the pain?

P : I feel a piercing pain in underbelly.

D : This place?

P : You got it, The very place.

D : It seems like acute appendicitis.
   Have you ever had an appendectomy?

P : No, I haven't.

>>> **BIGSTONE'S TIP** ....●

Varicose veins 이상 확장된 정맥

– 눕다	– lie down
– 찌르는 듯한 통증	– piercing pain
– 데굴데굴 구르다	– tumbled
– 바로 그 자리	– The very place
– 급상 맹장염	– acute appendicitis
– 맹장 수술	– appendectomy

혼수상태 Comatose state

병원 영어 회화 Hospital English

N : 5분 전부터 혼수상태에 빠졌어요.

D : 바이탈 사인 좀 체크해 주세요.
 오른손은 골절로 의심됩니다.

N : 출혈도 보입니다.

D : 내부 손상이 있는 것 같은데 수술에 앞서 우선 X-ray를 찍어봅시다.

N : 투약할 것은 있나요?

D : 잠깐만요.
 환자는 후송 중 피를 많이 흘렸기 때문에 수혈 준비를 좀 해주세요.

>>> BIGSTONE'S TIP

An incurable disease 불치병

N : He has been a state of coma for 5 minutes.

D : Check the vital sign.
I am open to doubt right hand fracture.

N : It's bleeding.

D : There will be an internal injury,
take the X-ray prior to operation.

N : Do I administer something?.

D : Hold your horses.
The patient had lost a lot of blood during evac and
get ready the transfer of blood.

>>> BIGSTONE'S TIP

get diarrhea 설사하다

– ~로 의심이 들다	– am open to doubt
– 내부 손상	– internal injury
– ~에 앞서서, ~에 우선하여	– prior to
– 투약하다	– administer
– 후송	– evac(evacuation)
– 수혈하다	– transfer of blood

233

뇌출혈 cerebral hemorrhage

병원 영어 회화 *Hospital English*

R : 제 남편인데 길거리에서 쓰러진 것을
길거리를 지나던 동네 사람이 데려왔습니다.

D : 평소에 이 분 건강은 어땠습니까?

R : 아주 좋지는 않았지만 괜찮은 편이었어요.

D : 혈압은요?

R : 고혈압인데 심각한 것은 아니었습니다.

D : 술이나 담배는 하셨나요?

R : 담배는 안 피는데 술은 즐기는 편입니다.
그러고 보니 어제 술을 많이 마셨습니다.

D : 다른 지병은 없으세요?

R : 음, 큰 병은 없었습니다.

D : 뇌출혈이 의심되는군요.

R : This is my husband fallen down over the road. Neighborhood walking the road took him.

D : How is his health upto now?

R : Not very well couldn't be better.

D : How is the blood pressure?

R : He has hypertension but not quite high.

D : Does he smoke or drink?

R : He doesn't smoke but enjoy drinking. He drank too much last night.

D : Does he have any other disease?

R : Um… Nothing in particular.

D : We feel it a touch of cerebral hemorrhage.

Chapter 14 응급실 Emergency Room

>>> **BIGSTONE'S TIP**

Nervous breakdown 신경 쇠약

– 이웃	– neighborhood
– ~의 증상	– a touch of
– 크게 넘어지다	– down over

235

호흡곤란 dyspnea

병원 영어 회화 *Hospital English*

R: 제 아내인데요. 같은 침대에서 자고 있는데
옆에서 이상한 소리가 나서 잠을 깼어요.

N: 이상한 소리라니요?

R: 아내가 평소에는 코도 골지 않는데 오늘은
고통스럽게 숨을 쉬더라고요.

N: 알겠습니다. 선생님께 말씀드릴게요.

D: 눈을 떠보세요.
숨을 크게 쉬어보세요.
어떠세요?

P: 가슴이 너무 답답합니다.

D: 호흡곤란증인 것 같은데요. 응급조치를 하고
정밀검사를 하도록 합시다.

>>> **BIGSTONE'S TIP**

A bout of bronchitis 한차례의 기관지염

R : This is my wife.

　　　When I slept with her, I heard strange noise.

N : What do you mean strange noise?

R : She doesn't normally snore,

　　　She breathed hard last night.

N : I got it. I will tell doctor.

D : Open your eyes.

　　　Take a deep breathe.

　　　How do you feel?

P : I feel something pressing my chest.

D : It is just like dyspnea. Let's treat emergency measures then take close examination.

>>> **BIGSTONE'S TIP**

I was almost choked to death.
난 거의 숨 막혀 죽을 뻔했다.

− 코골이	− snore
− 가슴이 답답한	− pressing my chest
− 응급조치	− emergency measures
− 정밀 검사	− close examination

Chapter 14 응급실 Emergency Room

구토증 vomiting

병원 영어 회화 *Hospital English*

P : 너무 심하게 구토가 나서 왔습니다.

D : 어떻게 심하신가요?

P : 초저녁에 구토를 서너 번 했는데 한밤중에도 계속 구토증이 있어서 괴로워요.

D : 술을 마셨나요?

P : 아니요.

D : 저녁식사 때 무얼 드셨습니까?

P : 시내 음식점에서 삼겹살을 먹었습니다.

D : 약 드시는 건 있나요?

P : 혈압 약을 먹고 있습니다.

>>> **BIGSTONE'S TIP**

Pulmonary artery 폐동맥

P : I have got too severe vomiting.

D : How do you feel like?

P : I threw up a couples of time in the afternoon.
But it went on to midnight I am suffering hard time.

D : Did he drink?

P : No, he didn't.

D : What did he try in the afternoon?

P : He tried bacon at town.

D : Does he have pills trying?

P : He is trying medicine for blood pressure.

>>> **BIGSTONE'S TIP**

Blood circulate all of the body.
혈액은 온 몸을 순환한다.

- 심한 구토	- severe vomiting
- 토해 내다	- threw up
- 서너 번	- a couples of time
- 삼겹살	- bacon

Chapter 14 응급실 Emergency Room

어지럼증 vertigo

병원 영어 회화 Hospital English

R : 6살짜리 제 딸인데요, 마루에서 마당으로 떨어졌습니다.

D : 어떻게 떨어졌나요?

R : 어지럼증으로 떨어진 것 같아요.

D : 평소의 건강상태는 어때요?

R : 몸이 허약하고 건강상태가 별로 좋지 않습니다.

D : 다른 병력은 있나요?

R : 식은땀을 많이 흘려요.

D : 식사는 잘 하나요?

R : 아니요. 편식이 심해요.

D : 빈혈에 따른 현기증이 심한 것 같은데 지켜보죠.

>>> **BIGSTONE'S TIP**

Don't abuse medicine. 약을 남용하지 마라.

R : This is six years old daughter.
　　 She fell off from floor to ground.

D : How did she fall?

R : She fell with dizziness.

D : How is her health in ordinary days?

R : She is weak and health is not good condition.

D : Any other disease history?

R : She is in cold sweat.

D : Does she eat well?

R : Not really, she doesn't suit some food.

D : Her sign shows us vertigo according to anemia.
　　 We watch her.

>>> **BIGSTONE'S TIP**

Physical deformity 육체적 기형

- 어지럼증	- dizziness
- 평소에	- in ordinary days
- 몇 가지 음식에 적응 못하다	- suit some food

불면 asomnia

병원 영어 회화 *Hospital English*

P : 가슴이 답답하고 잠을 잘 수가 없어서 왔습니다.

D : 제가 오늘 당직의사인데 증상을 자세히 말씀해 보세요.
P : 며칠째 잠을 못자고 있습니다.
어떻게 잠 좀 자게 해주세요.

D : 다른 증상은 있나요?

P : 약간의 고혈압증세가 있고 당뇨도 있지만
아주 심각한 것은 아닙니다.

D : 아, 그래요. 평소 술은 자주 드시나요?

P : 아니요. 체질적으로 술을 좋아하지 않습니다.
우선 잠을 좀 잘 수있도록 수면제 같은 것을 좀 주세요.

D : 그렇다면 수면제를 처방해 드릴게요.
가서 주무세요.

>>> **BIGSTONE'S TIP**

Minor ailment 별것 아닌 병

P : I came to see a doctor because of no sleeping.

D : I am today's duty doctor.
Explain me symptoms one by one.

P : I couldn't fall in sleep for a last few days.
Please let me sleep anyhow.

D : Do you have any other symptoms?

P : I have a weak hypertension symptom and diabetes not but serious.

D : Ah, you do. Do you usually drink?

P : No, I don't like drinking in natural.
Let me have sleeping pills for bed in advance.

D : Well then I will give you sleeping pills prescription.
Go and get to sleep.

>>> **BIGSTONE'S TIP**

Emergency room must be tested for defect.
응급실은 결점에 대해 점검 받아야 된다.

- 어쨌든	- anyhow
- 선천적으로	- in natural
- 미리	- in advance
- 수면제	- sleeping pills

화상 Fire burn

병원 영어 회화 *Hospital English*

R : 불에 덴 환자입니다. 도와주세요.

N : 어쩌다 이렇게 되었지요?

R : 옆집의 취사용 프로판가스통이 터져서
불이나 우리 집까지 번졌습니다.

N : 의사를 차에 태워 올게요. 잠시 기다리세요.

D : 많이 데었군요. 의식은 있네요.
화상은 보는 것보다 심각한 경우가 많습니다.
빨리 조치를 취해야 합니다.

R : 상태를 보니 3도 화상 같아요.

D : 물집이 많이 생겼군요.

N : 화상 연고를 먼저 바르고 드레싱을 할게요.

>>> **BIGSTONE'S TIP** ··•

Carcinogenic substances 발암 물질

Chapter 14 의료실 Emergency Room

R : This is fire burn patient. He needs help.

N : How did he get to this?

R : The propane gas container
for cook neighborhood exploded, made a fire
transferred to our house.

N : I have to pick up the doctor. wait a minute.

D : You severely burned. You are conscious.
Burn is more serious than looking.
We must act quickly.

R : His status looks like 3 degree burn.

D : There are a plenty of blisters.

N : I will spread burn ointment then dressing.

>>> **BIGSTONE'S TIP**

Take temperature with a thermometer.
온도계로 온도를 재다.

− 화상 환자	− burn patient
− 의식이 있는	− conscious
− 3도 화상	− 3 degree burn
− 물집	− blisters

발작 fit

병원 영어 회화 *Hospital English*

P : 어젯밤 집에서 천식 발작이 조금 있었어요.

D : 뒤로 돌아서 속옷을 가슴까지 올려주세요.
폐의 음향을 듣도록 하겠습니다.

P : 이렇게요?

D : 그 정도면 충분해요. 벤토린을 사용하시나요?

P : 예, 사용합니다.

D : 하루에 3번 이상 사용하지 마세요.
심장에 이상이 생기는 원인이 될 수 있습니다.

P : 심각하군요.

D : 가능하면 참으세요.

P : 3번 이상 사용하지 않아 심해지면 어떡하나요?

D : 응급실이라도 가세요.

P : I had some fits of asthma last night at home.

D : Turn around and take up your under ware to the chest.
Let me hear your lung.

P : Like this?

D : That's enough. Do you use the 'Ventoline'?

P : Yes, I do.

D : Don't use it more than 3 times a day.
It could be caused the heart trouble.

P : It's quite serious.

D : Put it up as you can.

P : If I'm getting serious not to use more than three times?

D : You should go to emergency room.

>>> **BIGSTONE'S TIP**

EKG(ECG) electrocardiogram 심전도

− 올리다	− take up
− 참다	− put up
− 심장 질환	− heart trouble

출혈 bleeding

병원 영어 회화 *Hospital English*

D : 이 환자는 출혈로 사망할 뻔했어요.

P : 혈액이 체중의 몇 %이죠?

D : 체중의 약 7%입니다.

P : 혈액의 비중은요?

D : 물보다 무겁지요. 약 1.02 정도인데 그냥 물처럼 1:1로 계산해도 되지요. 돌아가실 것 같아요?

P : 내 눈에 흙이 들어오는 것 못 보죠.

D : 생각보다 인체에 혈액이 많지 않아요.

P : 실제 계산해보니 그렇군요.

>>> **BIGSTONE'S TIP**

totally immersed to operation
수술에 완전 몰두하다

D : This patient has blooded to fatal.

P : How much percentage is the blood in the body?

D : It's approximately 7 percent of the body

P : How about the specific gravity?

D : It's a little heavier than water but we can calculate it just like water as one is to one.
Do you feel you might be passed away?

P : I never see soil over my dead body.

D : We have blood less than we think.

P : Yes it is, looking at calculation.

>>> **BIGSTONE'S TIP**

gastric lavage 위세척

– 대략	– approximately
– 비중	– specific gravity
– 계산하다	– calculate
– 1:1	– one is to one
– 흙으로 덮다	– soil over

Chapter 15

원무과
Administrative Affairs

접수 reception

병원 영어 회화 *Hospital English*

C : 병원 어느 과에 오셨나요?

P : 외과 치료를 받고 싶은데요.
    접수는 여기서 하나요?

C : 그렇습니다. 외과는 1층 오른편에 있습니다.
    진료 후 다시 오세요. 처방전은 여기서 드립니다.

P : 오른쪽이 이쪽입니까?

C : 오른쪽으로 돌아가시면 있습니다.

P : 접수비는 언제 계산합니까?

C : 진료를 받으시고 처방전을 받으실 때 계산합니다.

P : 카드로도 되나요?

C : 물론입니다.

>>> **BIGSTONE'S TIP**

intermission 휴식시간

C : Which part are you looking for?

P : I'd like to see surgery part.
Do I receipt at this desk?

C : Yes, you do.
The surgery part is located in right side on 1st floor.
Come back to us after consultation.
We issue the prescription.

P : This way is right way?

C : Turn your right, then it is.

P : When do I pay the receipt fee?

C : You pay for it when receiving prescription
after consultation.

P : Is credit card available?

C : Sure.

>>> **BIGSTONE'S TIP**

a lethal dose 치사량

- 접수하다	- receipt
- 진찰	- consultation

퇴원 Check out

병원 영어 회화 *Hospital English*

P : 저 퇴원 허락이 되었어요.
외래 환자 진료 받을 겁니다.

C : 간호조무사가 아무 말 안 해주던가요?

P : 조무사가 병원 원무과에 가보라고 했어요.

C : 그랬군요. 여기 퇴원 계산서 있어요. 총 27만원입니다.

P : 조금 기다려야겠어요. 처가 오고 있는 중입니다.

C : 간호사와 통화 좀 할게요. 혹 빠진 것 있나 싶어서요.

P : 참 병실에 바지를 놔두고 왔군요. 찾아가지고 다시 오지요.

C : 외래 환자가 되니 훨씬 자유롭겠어요.

>>> **BIGSTONE'S TIP**

short of hands 손이 모자라다

P : I'm allowed to check out of the hospital.
I'll be a out patient.

C : Didn't cure assistant tell you anything?

P : She had me come to administrative department of hospital.

C : She did.
Here is check out bill. It's 270,000 won total.

P : I should wait for a while.
My wife is on the way to hospital.

C : I will phone nurse to say something missed.

P : Oops! I left my pants in the room.
I'll get it and back.

C : You will be more free being a out patient.

>>> **BIGSTONE'S TIP**

tear off 떨어져 나가다, 찢겨 나가다.

– 허가되다	– allowed
– 간호조무사	– cure assistant
– 원무과	– administrative department
– 도중에	– on the way

255

입원 check in

병원 영어 회화 Hospital English

P : 병원에 입원 수속중입니다.

C : 잠시만요. 정형외과에서 컴퓨터 데이터 기다리고 있어요.

P : 예, 기다리지요.

C : 아! 여기 왔군요.
환자분은 5층 6병실 513호로 배정되었습니다.
그쪽으로 올라가시지요.

P : 휠체어를 빌릴 수 있나요?

C : 층마다 휠체어가 있어요.
간호사에게 말씀하세요.

P : 지금 당장 필요한데요.

C : 당장은 저걸 사용하세요.

>>> **BIGSTONE'S TIP**

clench my fists 내 주먹을 쥐다.

P : I'm on check in procedure.

C : Hold your back please.
I'm waiting the computer data from orthopedic surgery.

P : O. K. I'll wait.

C : Oh! Here it is.
You are assigned 6-bed room.
Go up there.

P : Can I borrow the wheel chair?

C : There is wheel chair on every floor.
Just tell nurse.

P : I need it at this moment.

C : Use that one right away.

>>> **BIGSTONE'S TIP**

I got a splinter. 가시가 하나 박히다.

- 입원 수속 중	- check in procedure
- 배정되다	- assigned
- 6인 병실	- 6-bed room

숫자 Digit

병원 영어 회화 *Hospital English*

C: 영어로 숫자를 쉽게 읽을 수 있는 방법이 있을까?

N: 물론 있지.

C: 어떻게?

N: 콤마를 천 단위, 백만 단위로 읽어주면 그게 다야.

C: 그리고 백 자리로 읽어?

N: 물론이지

C: 2,247 읽어봐

N: two thousand two hundred forty seven.

C: 잘했어 그럼 325,756,241 읽어봐.

N: three hundred twenty five million
seven hundred fifty six thousand
two hundred forty one.

C : Is there any easy method to read digits in English?

N : Surely there is.

C : How come?

N : When you read 'comma' as thousand and million. That's it.

C : And read hundred digit?

N : Of course.

C : Read 2,247.

N : two thousand two hundred forty seven.

C : Good job. Then read 325,756,241.

N : three hundred twenty five million
seven hundred fifty six thousand
two hundred forty one.

>>> **BIGSTONE'S TIP** ···•

우리나라는 '만' 단위를 사용하고 영어에서는 '천' 단위를 사용한다. 우리말의 2만원은 만 원짜리 2장이란 뜻이지만 영어로 말할 때는 천 단위로 말을 해야 하기 때문에 천 원짜리가 20장 있다고 말을 해야 한다.

퇴원비 계산 check out payment

병원 영어 회화 *Hospital English*

P : 얼마나 계산해야 하죠?

C : 성함은요?

P : 제 이름은 로즈입니다.

C : 주민등록번호는요?

P : 801111-1234567입니다.

C : 지역 의료 보험입니까?

P : 직장 의료 보험입니다. 여기 신용카드 있습니다.

C : 어떻게 지불 할까요?

P : 3개월로 나눠 주세요.

C : 서명 좀 부탁드릴게요. 영수증 여기 있습니다.

P : How much do I owe you?

C : You name, please?

P : I'm rose.

C : Social security number please?

P : It's 801111-1234567.

C : Is it local insurance or work medical insurance?

P : Work med Insurance. Here is credit card.

C : How do you take the way of settlement?

P : Devide it by 3 months.

C : Please sign here. Here is receipt.

>>> **BIGSTONE'S TIP**

I feel melancholic. 우울합니다.
What a close call. 정말 아슬아슬하군.

- 주민등록번호	- Social security number
- 지역 의료보험	- local insurance
- 직장 의료보험	- work medical insurance
- 지불	- settlement

261

현금 인출 cash withdrawal

병원 영어 회화 *Hospital English*

P : 건강을 해칠 정도로 너무 무리했어요.

C : 잠시만요. 응급실에서 우리에게 서류가 오고 있어요.

P : 입원할 필요는 없다고 하시더군요.

C : 그 정도가 얼마나 다행이에요.
큰일 날 뻔 하셨어요.

P : 오히려 오늘은 운이 좋은 날이라고 말할 수 있군요.

C : 비용은 여기 142,000원입니다.

P : 현금 인출해 올게요.

C : 금방 오세요.

P : 여기 현금 인출기가 어디 있죠?

C : 1층 현관 로비에 있습니다.

P : I burned the candle of both side.

C : Wait a moment,
chart is being transferred to our computer.

P : Doctor says don't need to be checked in.

C : It couldn't be better. You would be in big trouble.

P : I'd rather say it's lucky day for me.

C : Costs 142,000 won here.

P : I'll withdrawal in cash.

C : Come back immediately.

P : Where is ATM?

C : It's located on main door lobby first floor.

>>> **BIGSTONE'S TIP**

a pep talk 위로의 말
a dime a dozen 흔해빠진

– 오히려	– rather
– 인출	– withdrawal
– 현금 인출기	– ATM(automated teller machine)

서류 documentation

병원 영어 회화 *Hospital English*

C1 : 작년도 서류는 어디에 있지?

C2 : 지하실 B01호에 있어

C1 : 작년도 왔던 입원 환자가 세부내용을 확인 좀 해달라는데?

C2 : 자세한 내용은 적어놓고 내일 다시 오라고해.
지금은 바쁘잖아.

C1 : 그게 좋겠군.

C2 : 그거 간호조무사에게도 말해봐. 기억할지도 모르잖아.

C1 : 너무 서두르지 않아도 돼.

C2 : 빨리 끝내버리지 뭐.

C1 : 오늘 우리 회식 있다.

C2 : 난 못가. 할 일이 많아.

C1 : 노래방도 간다고 했는데.

C1 : Where can I find documents last year?

C2 : It's kept in the basement room B01.

C1 : One patient who checked in Hosp.
Have me check the details.

C2 : Jot it down the points and tell him
"come tomorrow again" we are running now.

C1 : That might be better.

C2 : Tell nurse assistant it. She maybe remember it.

C1 : No need to jump the gun.

C2 : I will call it a day quickly.

C1 : We are planing to have a party.

C2 : I can not take a party. I have a lot of things to do.

C1 : We would go to the karaoke.

>>> BIGSTONE'S TIP

I will eat my hat. 내 손에 장을 지진다.

| - 받아 적다 | - Jot it down |
| - 노래방 | - karaoke |

퇴원절차 checking out procedure

병원 영어 회화 *Hospital English*

C : 행정 업무가 너무 많아 점점 힘들어.

P : 바쁘신 것 같은데 오늘 퇴원하거든요?

C : 담당 의사 선생님께 허락을 받았나요?

P : 어느 분이 책임자이신데요?

C : 저기요, 우리가 막 얘기했던 분인데 저기 나타나셨네요.

P : 가서 말해보고 확인해 볼게요.

C : 서류는 여기 다 준비되었어요.

P : 잘했어요. 감사합니다.

C : 이러다 지쳐서 내가 환자 되겠다.

P : 역할을 바꿀까요?

C : 작가 빅스톤 선생님께 말씀해 보세요.

C : It's getting hard under too much paper work.

P : You look very busy. I would check out today.

C : Have you got the permission to be checked out?

P : Who is in charge of it?

C : Over there. That doctor who just mentioned has showed up.

P : I'll talk and confirm.

C : We have got all documents here.

P : Very well. Thanks.

C : I will have to be a patient working like this.

P : Shell we change the role?

C : Tell the writer Mr. Big stone.

>>> **BIGSTONE'S TIP**

runs in the family 가족 아니랄까봐

- 허락	- permission
- 등장하다	- showed up
- 역할	- role

병원비 지불 payment

병원 영어 회화 *Hospital English*

P : 병원비가 전체 얼마예요?

C : 오늘까지 전부 50만원입니다. 여기 있습니다.

P : 내역서 좀 볼 수 있을까요?

C : 자세한 진료 내역서는 입원 병동 간호사에게 문의해 보세요. 목록 표는 여기 있고요.

P : 수표로 계산해도 되나요?

C : 수표 뒷면에 배서해 주세요.

P : 서명도요?

C : 두말하면 잔소리죠.

P : 전화번호도 적나요?

C : 제가 주민번호를 적을 것이니 안 적으셔도 됩니다.

P : How much is the bill total?

C : It's 500,000 won total upto today here it is.

P : Can I check the details?

C : Go and ask all details the nurse who is at hospitalized building. The list is here.

P : Can I pay with check?

C : Please endorse on the back of the check.

P : With signature?

C : You bet your life.

P : Do I write down telephone number?

C : I'm gonna write your Social security mumber. You don't need to write on it.

>>> BIGSTONE'S TIP

hit the road 착수하다

– 배서하다	– endorse
– 서명	– signature
– 두말하면 잔소리!	– You bet your life

PART 2

부록

Hospital English

- 필수 의학 용어 단어(1000개)
- 병원 회화 필수 기본형(50개)
- 틀리기 쉬운 포인트(40개)
- 히포크라테스 선서
- 영어회화의 기초 문법
- 전치사의 날개(20개)
- 해외 파견 의료진을 위한 군사용어

필수 의학 용어 단어(1,000개)

1. 소화기계

소화기계 - digestive system
목젖 - uvula
성대 - vocal band
혀 - tongue
편도 - tonsil
뺨 - cheek
입술 - lips
구강 - cavity
잇몸 - gum
치은염 - gingivitis
구내염 - stomatitis
구순염 - cheilitis
설염 - glossitis
입천장 - palate
치조 - alveolus
치아 - tooth
앞니 - front tooth
송곳니 - canine tooth
어금니 - molar
사랑니 - wisdom tooth
충치 - decayed tooth
구취 - halitosis
인두 - pharynx
침 - spittle
후두 - larynx
기관 - trachea
식도 - esophagus
위 - stomach
폐 - lung
간 - liver
쓸개 - gallbladder

십이지장 – duodenum
비장 – spleen
맹장 – cecum
결장 – colon
췌장 – pancreas
직장 – rectum
항문 – anus
트림 – eructation
구토 – vomiting
소화불량 – dyspepsia
위염 – gastritis
변비 – constipation
설사 – diarrhea
방귀 – flatus
장염 – enteritis
치질 – hemorrhoids
대동맥 – aorta
간염 – hepatitis
척추 – vertebra

요도 – urethra
전립선 – prostate gland
요관 – ureter
신장 – kidney
피질 – cortex
수질 – medulla
신배 – calices
신우 – renal pelvis
신원 – nephron
신소체 – renal corpuscles
세뇨관 – renal tubule
소변 – urine
당뇨 – glycosuria
혈뇨 – hematuria
요실금 – urinary incontinence
방광염 – cystitis
신장염 – nephritis
신우염 – pyelitis
요도염 – urethritis
요관염 – ureteritis
당뇨병 – diabetes mellitus
다뇨증 – polyuria
사구체 – glomerulus
보우만주머니 – bowman's capsule
방광류 – cystocele
신하수증 – nephroptosis

2. 비뇨기계

비뇨기계 – urinary system
신문 – hilum
요추 – lumbar
방광 – bladder

3. 여성생식계

외음부 - vulva
질 - vagina
음핵 - clitoris
처녀막 - hymen
자궁근 - myometrium
자궁내막 - endometrium
난관채 - fimbriae
난소 - ovary
자궁 - uterus
자궁경부 - cervix
난관 - uterine tube
배란 - ovulation
난자 - ovum
임신 - pregnancy
수정 - fertilization
착상 - implantation
유선 - mammary gland
유관 - lactiferous ducts
동 - sinuses
유두 - nipple
유륜 - areola
월경 - menstruation
초경 - menarche
폐경기 - menopause

난소염 - oophoritis
난관염 - salpingitis
유두염 - thelitis
태반 - placenta
양수 - amniotic fluid
피임 - contraception
임부 - gravida
분만 - labor
미산부 - nullipara
초산부 - primipara
경산부 - multipara
태아 - fetus
초유 - colostrum
유산 - abortion
제왕절개 - cesarean section
외음절개술 - episiotomy
융모막 - chorion
양막 - amnion
신생아 - newborn
부인과 - gynecology
질염 - vaginitis
외음염 - vulvitis
자궁내막염 - endometritis
백대하 - leukorrhoea
무월경 - amenorrhea
유방통 - mastodynia

4. 남성생식계

고환 – testis
음낭 – scrotum
회음 – perineum
정세관 – seminiferous tubules
부고환 – epididymis
수정관 – vas deferens
정낭 – seminal vesicle
음경 – penis
음경귀두 – glans penis
정액 – semen
사정 – ejaculation
포피 – foreskin
무정자 – azoospermia
정자희소증 – oligospermia
경성하감 – chancre
연성하감 – chancroid
귀두염 – balanitis
부고환염 – epididymitis
전립선염 – prostatitis
고환염 – orchitis
포경 – phimosis
무고환증 – anorchism
잠복고환 – undescended testis
전립선비대증 – prostatic hypertrophy
음낭수종 – hydrocele
정계정맥류 – varicocele
요도하열 – hypospadia
요도상열 – epispadia
전립선암 – prostate cancer
고환암 – testicular carcinoma
정상피종 – seminoma
기형종 – teratoma
임질 – gonorrhea
트리코모나스증 – trichomoniasis
매독 – syphilis
거세술 – castration
포경수술 – circumcision
부고환절제술 – epididymectomy
고환절제술 – orchiectomy
고환고정술 – orchidopexy
수류절제술 – hydrocelectomy
전립선절제술 – prostatectomy
정관절제술 – vasectomy
정자 – sperm

5. 신경계

중추신경계 – central nervous system
말초신경계 – peripheral nervous system
뇌 – brain

척수 – spinal cord	설인신경 – golssiopharyngeal
신경절 – Ganglion	미주신경 – vagus
신경총 – plexus	부신경 – accessory
부교감신경 – parasympathetic nervous	설인 – hypoglossal
교감신경 – sympathetic nervous	신경원 – neuron
자율신경 – autonomic nervous 척	신경세포 – nerve cell
수신경 – spinal nerves	신경교 – neuroglia
뇌신경 – cranial nerves	수상돌기 – dendrites
경신경 – cervical nerves	축삭 – axon
흉추신경 – thoracic nerves	수초 – myelin sheath
요추신경 – lumbar nerves	신경초 – neurilemma
천추신경 – sacral nerves	연접부 – synapse
미추신경 – coccygeal nerves	대뇌 – cerebrum
좌골신경 – sciatic nerve	소뇌 – cerebellum
대퇴신경 – femoral nerve	간뇌 – diencephalon
상완신경총 – brachial plexus	종뇌 – telencephalon
요부신경총 – lumbar plexus	중뇌 – mesencephalon
천추신경총 – sacral plexus	대뇌반구 – cerebral hemisphere
미추신경총 –coccygeal plexus	대뇌피질 – cerebrum cortex
후신경 – olfactory	연수 – medulla oblongata
시신경 – optic	뇌교 – pons
동안신경 – oculomotor	뇌간 – brain stem
활차신경 – trochlear	뇌하수체 – pituitary gland
삼차신경 – trigeminal	시상하부 – hypothalamus
외전신경 – abducenat	시상 – thalamus
안면신경 – facial	뇌량 – corpus callosum
내이신경 – vestibulocochlear	두정엽 – parietal lobe

후두엽 - occipital lobe
베르니케영역 - Wernicke area
측두엽 - temporal lobe
브로카영역 - broca area
뇌실 - ventricles
뇌척수액 - cerebrospinal fluid
수막 - meninges
경막 - dura mater
지주막 - arachnoid membrane
연막 - pia mater
혼수 - coma
실신 - syncope
뇌염 - encephalitis
척수염 - myelitis
수막염 - meningitis
신경염 - neuritis
회백수염 - poliomyelitis
다발성신경염 - polyneuritis
대상포진 - shingles
무뇌증 - anencephaly
뇌수종 - hydrocephalus
소두증 - microcephaly
이분척추 - spina bifida
뇌졸중 - stroke
뇌출혈 - cerebral hemorrhage
뇌진탕증 - cerebral concussion
뇌좌상 - cerebral contusion

경막하혈종 - subdural hematoma
다발성경화증 - multiple sclerosis
뇌종양 - brain tumors
뇌수막종 - meningioma
신경통 - neuralgia
좌골신경통 - sciatica

6. 심혈관계

심혈관계 - cardiovascular system
심장 - heart
혈액 - blood
혈관 - vessel
대정맥 - venae cavae
우심방 - right atrium
삼첨판 - tricuspid valve
우심실 - right ventricle
폐동맥판 - pulmonic valve
폐동맥 - pulmonary artery
폐정맥 - pulmonary vein
좌심방 - left atrium
이첨판 - mitral valve
좌심실 - left ventricle
대동맥판 - aortic valve
폐모세혈관 - lung capillaries
소정맥 - venules

소동맥 - arterioles
상대정맥 - superior vena cava
하대정맥 - inferior vena cava
심방중격 - interatrial septum
심실중격 - interventricular septum
심내막 - endocardium
심근층 - myocardium
심외막 - pericardium
혈압 - blood pressure
맥박 - pulse
서맥 - bradycardia
빈맥 - tachycardia
심장마비 - cardioplegia
심장비대증 - cardiomegaly
역류 - regurgitation
중격결손 - septal defect
우심증 - dextrocardia
심장염 - carditis
심내막염 - endocarditis
심근염 - myocarditis
심낭염 - pericarditis
모세혈관 - capillary
대동맥염 - aortitis
동맥염 - arteritis
동맥내막염 - enderteritis
다발성동맥염 - polyarteritis
정맥염 - phlebitis

혈전성정맥염 - thrombophlebitis
동맥류 - aneurysm
동맥경화증 - arteriosclerosis
혈전증 - thrombosis
정맥확장증 - phlebectasia
정맥경화증 - phlebosclerosis
세정맥 - small vein
세동맥 - small artery
가슴 - chest
판 - valve
산소 - oxygen
경색증 - infarction

7. 호흡기계

호흡기계 - respiratpry system
코 - nose
비강 - nasal cavity
인두 - pharynx
비중격 - nasal septum
외비공 - external naris
비갑개 - nasal concha
비도 - meatus
후두인두 - laryngopharynx
갑상선연골 - thyroid cartilage
종격동 - mediastinum

벽측흉막 – parietal pleura
장측흉막 – visceral pleura
횡격막 – diaphragm
적혈구 – erythrocytes
부비동 – paranasal sinuses
비인강 – nasopharynx
아데노이드 – adenoids
구인두 – oropharynx
구개편도 – palatine tonsils
후두개 – epiglottis
기관지 – bronchi
세기관지 – bronchioles
폐포 – alveoli
모세혈관 – capillary
흉막 – pleura
청진 – auscultation
타진 – percussion
시진 – inspection
촉진 – palpation
수포음 – rales
건성수포음 – rhonchus
코피 – epistaxis
비통 – rhinodynia
무호흡 – apnea
호흡곤란 – dyspnea
빈호흡 – tachypnea
무후각증 – anosmia

비염 – rhinitis
비석 – rhinolith
성대염 – chorditis
인두염 – pharyngitis
후두염 – laryngitis
편도염 – tonsillitis
기관염 – tracheitiS
기관지염 – bronchiolitis
무기폐 – ateiectasis
폐기종 – emphysema
축농증 – empyema
폐렴 – pneumonia
폐결핵 – pulmonary tuberculosis
진폐증 – pneumoconiosis
흉막염 – pleurisy

8. 혈액 및 림프계

림프 – lymph
혈장 – plasma
혈구세포 – blood cell
백혈구 – leukocytes
과립구 – granulocytes
무과립구 – agranulocytes
혈소판 – platelets
적혈구모세포 – erythroblast

정적모구 − normblast
망상적혈구 − reticulocyte
골수아구 − myeloblast
골수세포 − myelocytes
늦골수세포 − metamyelocytes
간상세포 − band cells
분열과립구 − segmented
단핵구모세포 − monoblast
풋단핵구 − promonocyte
단핵구 − monocyte
림프구모세포 − lymphoblast
풋림프구 − prolymphocyte
림프구 − lymphocyte
거대핵모세포 − megakaryoblast
거대핵세포 − megakaryocyte
호중구 − neutrophils
호산구 − eosinophils
호염구 − basophils
항원 − antigen
항체 − antibody
대식세포 − macrophages
혈전구 − thrombocyte
알부민 − albumin
글로블린 − globulin
섬유소원 − fibrinogen
프로트롬빈 − prothrombin
혈청 − serum

혈색소 − hemoglobin
빈혈 − anemia
혈우병 − hemophilia
자반증 − purpura
백혈병 − leukemia
패혈증 − septicemia
혈종 − hematoma
림프계 − lymphatic system
순환계 − circulatory system
림프 − lymph
흉선 − thymus
면역계 − immune system
대식세포 − macrophage

9. 근골격계

근골격계 − musculoskeletal system
골 − bones
관절 − joints
근육 − muscles
인대 − ligament
장골 − long bones
단골 − short bones
편평골 − flat bones
종자골 − sesamoid bone
칼슘 − calcium

골세포 – osteocyte
연골조직 – cartilage tissue
골아세포 – osteoblast
파골세포 – osteoclast
골간 – diaphysis
골단 – epiphysis
골막 – periosteum
골수강 – medullary cavity
두개골 – cranial bones
전두골 – frontal bone
두정골 – parietal bone
측두골 – temporal bone
후두골 – occipital bone
접형골 – sphenoid bone
대천문 – anterior fontanelle
소천문 – posterior fontanelle
하악골 – mandible
하악공 – mandibular foramen
안면골 – facial bones
비골 – nasal bones
누골 – lacrimal bones
상악골 – maxillary bones
전두동 – frontal sinus
사골동 – ethmoidal sinus
접형동 – sphenoidal sinus
상악동 – maxillary sinus
쇄골 – clavicle

견갑골 – scapula
흉골 – sternum
늑골 – ribs
늑연골 – costal cartilages
진성늑골 – true ribs
가성늑골 – false ribs
부유늑골 – floating ribs
견봉 – acromion
상완골 – humerus
척골 – ulna
요골 – radius
천추 – sacrum
수근골 – carpals
수지골 – phalanges
중수골 – metacarpals
중족골 – metatarsals
족근골 – tarsals
경골 – tibia
슬개골 – patella
대퇴골 – femur
상완골 – humerus
척골 – ulna
요골 – radius
손목뼈 – carpals
손바닥뼈 – metacarpals
관골 – pelvic girdle
장골 – ilium

좌골 - ischium
치골 - pubis
미골통 - coccygodynia
골통 - ostealgia
골병증 - osteopathy
골출혈 - osteorrhagia
골염 - osteitis
골수염 - osteomyelitis
골막염 - periostitis
척추염 - spondylitis
고관절염 - coxitis
골절 - fracture
힘줄 - bursae
관절통 - arthralgia
연골염 - chondritis
탈구 - dislocation
염좌 - sprain
신경절 - ganglion
횡문근 - striated muscles
평활근 - smooth muscles
심장근 - cardiac muscle
근막 - fascia
건막 - aponeurosis
근육통 - myalgia
운동과다증 - hyperkinesia
연축 - spasm
경련 - cramp

경직 - rigidity
진전 - tremors
절단술 - amputation
근육염 - myositis
근막염 - fascitis

10. 피부계

피부계 - skin system
피부 - skin
털 - hair
손톱 - nails
선 - glands
신체보호막 - protective membrane
피지선 - sebaceous glands
한선 - sweat glands
분비 - secretion
체온조절 - thermoregulation
표피 - epidermis
진피 - corium or dermis
피하조직 - subcutaneous tissue
각질층 - stratum corneum
과립층 - stratum granulosum
종자층 - strtum germinativum
진피 - corium
모낭 - hair follicles

멜라닌세포 – melanocyte
반월 – lunula
소피 – cuticle
피지 – sebum
면포 – comedo
여드름 – acne
구진 – papule
농포 – pustule
오점 – macule
소포 – vesicle
흉터 – cicatrix
가피 – crust
탈모증 – alopecia
무한증 – anhidrosis
두드러기 – urticaria
홍반 – erythema
화상 – burns
습진 – eczema
백선 – tinea
괴저 – gangrene
건선 – psoriasis
옴 – scabies
조염 – onychia
피부염 – dermatitis
알러지성피부염 – allergic dermatitis
접촉성피부염 – contact dermatitis
박탈성피부염 – exfoliative dermatitis

슬증 – prdiculosis
티눈 – corn
각질증식 – keratosis
혈관종 – hemangioma
사마귀 – wart
단독 – erysipelas
절 – furuncle

11. 감각기관(눈 및 귀)

눈 – eye
동공 – pupil
결막 – conjunctiva
각막 – cornea
동막 – sclera
맥락막 – choroid
홍채 – iris
모양체 – ciliary body
수정체 – crystalline lens
후안방 – posterior chamber
전안방 – anterior chamber
초자체 – vitreous body
망막 – retina
시신경 – optic nerve
시신경원판 – optic disc
황반 – macula lutea

중심와 - fovea centralis
안검 - eyelid
첩모 - cilia
속눈썹 - eyelashes
근시 - myopia
정상시력 - emmetropia
원시 - hyperopia
난시 - astigmatism
안구진탕증 - nystagmus
노시 - prebyopia
약시 - amblyopia
복시 - diplopia
야맹증 - nyctalopia
색맹 - achromatopsia
안구건조증 - xerophthalmia
충혈 - injection
각막염 - keratitis
공막염 - scleritis
홍채염 - iritis
안구염 - ophthalmitis
망막염 - retinitis
결막염 - conjunctivitis
녹내장 - glaucoma
백내장 - cataract
사시 - strabismus
결손증 - coloboma
안검염 - blepharitia

무수정체 - aphakia
안검하수 - blepharoptosis
다래끼 - hordeolum
누선염 - dacryoadenitis
누낭염 - dacryocystitis
홍채모양체염 - iridocyclitis
포도막염 - uveitis
귀 - ear
외이 - outer ear
이개 - auricle
중이 - middle ear
외이도 - external auditory meatus
고막 - thympanic membrane
이소골 - ossicles
난원창 - oval window
이관 - eustachian tube
내이 - inner ear
외림프 - perilymph
내림프 - endolymph
반규관 - semicircular canals
구형낭 - saccule
난형낭 - utricle
추골 - malleus
침골 - incus
등골 - stapes
귀울림 - tinnitus
이통 - otalgia

이루 - otorrhea
현기증 - dizziness
외이염 - otitis externa
대이증 - macrotia
소이증 - microtia
이관염 - salpingitis
중이염 - otitis meida
내이염 - labyrinthitis
고막염 - myringitis
노인성난청 - prebycusis
난청 - deafness
이경화증 - otosclerosis

12. 내분기계

내분비계 - endocrine system
호르몬 - hormones
타액선 - salivary gland
누선 - lacrimal gland
티록신 - thyroxine
칼시토닌 - calcitonin
부신 - adrenal gland
부신피질 - adrenal cortex
광질코르티코이드 - mineralocorticoids
알도스테론 - aldosterone
당류코르티코이드 - glucocorticoids
코르티솔 - cortisol
남성호르몬 - androgens
여성호르몬 - estrogens
부신수질 - adrenal medulla
교감신경흥분제 - sympathomimetic
인슐린 - insulin
글루카곤 - glucagon
뇌하수체전엽 - adenohypophysis
뇌하수체후엽 - oneurohypophysis
성장호르몬 - growth hormone
옥시토신 - oxytocin
에스트로겐 - estrogen
프로게스테론 - progesterone
테스토스테론 - testosterone
송과체 - pineal gland
성선자극호르몬 - gonadotropins
안구돌출증 - exophthalmos
다모증 - hirsutism
남성화 - virilism
조로증 - progeria
고혈당증 - hyperglycemia
저혈당증 - hypogltcemia
갑상선종 - goiter
갑상선기능항진증 - thyroidism
갑상선중독증 - thyrotoxicosis
부갑상선기능항진증 - hyperparathyroidism

부갑상선기능저하증 – hypoparathyroidism
알도스테론증 – aldosteronism
크롬친화세포종 – pheochromocytoma
고인슐린증 – hyperinsulinism
거인증 – gigantism
말단거대증 – acromegaly
소인증 – dwarfism
범하수체 기능저하증 – panhypopituitarism
시몬드병 – Simmond's disease
요붕증 – diabetes insipidus
크레티니즘 – cretinism

13. 정신장애

프로이드 – sigmud freud
본능 – instinct
자아 – ego
초자아 – superego
정신병 – psycosis
망상 – delusion
부정 – denial
환각 – hallucination
정신과학 – psychiatry
정신과의사 – psychiatrist
심리학자 – psychologist
정신박약 – mental retardation
치매 – dementia
착각 – illusion
환각 – hallucination
강박관념 – obsession
강박행위 – compulsion
공포증 – phobia
지리멸렬 – incoherent
작화증 – confabulation
기억상실증 – amnesia
지남력상실 – disorientation
불안 – anxiety
양가성 – ambivalence
섬망 – delirium
자폐증 – autism
전환 – conversion
도취감 – euphoria
나르시시즘 – narcissism
조증 – mania
신경증 – neurosis
정동장애 – affective disorders
조울병 – illness
불안장애 – anxiety disorders
광장공포증 – agoraphobia
사회공포증 – social phobia
고소공포증 – acrophobia

밀폐공포 – claustrophobia
신체형장애 – somatization disorder
전환장애 – conversion disorder
건강염려증 – hypochondriasis
병적기아 대식 – bulimia
정신성장애 – psychosexual disorders
성전환증 – transsexualism
페더시즘 – fetishism
의상도착증 – transverstism
노출증 – exhibitionism
관음증 – voyeurism
성적피학성 – sexual masochism
성적가학성증 – sexual sadism
인격장애 – personality disorders
편집성 인격장애 – paranoid P.D
반사회적 인격장애 – antisocial P.D
경계성 인격장애 – borderline P.D
정신분열성 장애 – schizophrenic disorders
정신분열증 – shizophrenia
망상성 장애 – paranoid disorder
물질관련 장애 – substance – related disorder
진전섬망 – delirium tremens
알코올 – alcohol
암페타민 – amphetamines

대마초 – cannabis
코카인 – cocaine
환각제 – hallucinogens
진정제 – sedatives
최면제 – hypnotics

14. 다발계 질환 및 수술

감염성 질환 – infectious diseases
수두 – chicken pox
두창 – small pox
풍진 – german measles
홍역 – measles
장티푸스 – typhoid fever
백피증 – albinism
발진티푸스 – typhus
세균성이질 – bacillary dysentery
렙토스피라병 – leptospirosis
식중독 – food poisoning
방선균증 – actinomycosis
브루셀라병 – brucellosis
아메바증 – amebiasis
회충병증 – ascariasis
십이지장충 – hookworm
선천성기형 – congenital anomalies
낭포성섬유종 – cystic fibrosis

다운증후군 – Down syndrome
몽고리증 – mongolism
유전성질환 – hereditary disease
돌연변이 – mutation
신경섬유종증 – neurofibromatosis
이식면역 – transplantation immunity
면역질환 – immunologic disease
아나필락시스 – anaphylaxis
인체면역결핍바이러스 – human immunodeficiency virus
광견병 – rabies
에이즈 – acquired immune deficiency syndrome
자가면역질환 – autoimmune disease
복와위 – prone position
앙와위 – supine position
측와위 – lateral position
쇄석위 – lithotomy position
정중절개법 – midline incision
측정중절개법 – paramedian incision

15. 종양학

종양 – tumor
유사분열 – mitosis
자기복제 – self-replication
환경적 요인 – environmental agents
발암물질 – carcinogens
상피성종양 – epithelial tumors
양성종양 – benign tumor
악성종양 – malignant tumor
전이 – metastasis
침윤성 전이 – invasive metastasis
임파성 전이 – lymphogenous metastasis
혈행성 전이 – hematogenous metastasis
파종성 전이 – seeding metastasis
이식성 전이 – transplantation metastasis
분화도 – differentiation
비침윤성 – noninfiltrating
침윤전 – preinvasive
상피내 – intraepithelial
일차적 항화학요법 – primary chemotherapy
인접장기 – regional

부가적 항암화학요법 –
adjuvant chemotherap
냉동요법 – cryosurgery
구제적 항암화학요법 –
salvage chemotherapy
내용제거술 – exenteration
완화적 항암화학요법 –
palliative chemotherapy
절개생검 – incision biopsy
전자광선 – electron beams
분할법 – fractionation
국소적 – localized
수술 – surgery
전기소작법 – electrocauterization
방전요법 – fulguration
면역학적 요법 – biological therapy
인터페론 – interferon
단클론성 항체 –
monoclonal antibodies
인터루킨 – interleukins
임상검사 – laboratory tests
임상처치 – clinical procedures
림프관조영술 – lymphangiography
침생검 – needle biopsy

16. 방사선학

방사선학 – radiology
핵의학 – nuclear medicine
치료방사선 – radiation therapy
진단방사선 – diagnostic radiology
방사선투과선 – radiolucent
방사선 비투과성 – radiopaque
불가시성 – invisibility
이온화 – ionization
심혈관 조영술 – angiocardiography
동맥조영술 – arteriography
정맥조영술 – venography
기관지조영술 – bronchography
뇌실촬영법 – ventriculography
관절조영술 – arthrography
초음파활영술 – ultrasonography
입체촬영법 – steroscopy
입위 – erect position
좌위 – sitting position
체외 방사선 치료 –
external radiation therapy
골 스캔 – bone scan
체내 방사선 치료 –
internal radiation therapy
뇌 스캔 – brain scan

17. 약리학

약물화학 - medicinal chemistry
약동학 - pharmacodynamics
약력학 - pharmacokinetics
화학요법 - chemotherapy
독물학 - toxicology
교감신경차단제 - sympatholytics
부교감신경흥분제 - parasympathomimetics
부교감신경차단제 - parasympatholytic
흥분제 - stimulants
억제제 - depressants
항경련제 - anticonvulsants
신경안정제 - tranquilizers
마취제 - anesthetics
강심제 - cardiotonics
항부정맥약 - antiarrhythmic agents
관상동맥확장제 - coronary vasodilators
고혈압약 - hypertentive drugs
제산제 - antiacids
토제 - emetics
지사제 - antidiarrheals
진토약 - antiemetics
항궤양제 - antiulcer
당뇨병치료제 - antidiabetic drug
경구투여 - oral administration
비경구투여 - parenteral administration
근육이완약 - lorazepam
간질 - epilepsy
직장관 - rectal tube
신경근 - nerve roots
요추부위 - lumbar region
지주막하강 - subarachnoid space
경막외 - epidural
미/꼬리 - caudal
신경차단 - nerve block
알레르기 - allergy
심부전 - congestive heart failure
항생제 - antibiotics
연고 - ointment
좌약 - suppositories
주사 - injections
진통제 - analgesic
비타민 - vitamin
해독제 - antidote
설사약 - cathartics
이뇨제 - diuretics
항응고약제 - anticoagulants
항우울약 - antidepressants

혈관수축제 - vasoconstrictor	용법 - sig
항협심증약 - antianginal	피하주사 - subq
항결핵제 - antituberculars	캡슐제 - caps
항진균제 - antifungals	그램 - gm
항바이러스제 - antivirals	방울 - gt
약 - drug	구강 - os
독물 - poison	온스 - oz
매 - Q	시 - h
매일아침 - qam	정맥 - vein
매일저녁 - qam	생명 - life
매일 - qd	과민증 - anaphylaxis
매시 - qh	금기 - contraindication
취침시 - qhs	당 - glucose
하루에두번 - bid	단백질 - protein
하루에세번 - tid	치료 - therapy
하루에네번 - qid	피하 - subcutaneous
이틀에한번 - qod	피부과 - dermatology
금식 - NPO	청력계 - audiometer
식전 - ac	과다분비 - hypersecretion
식후 - pc	과소분비 - hyposecretion
경구적으로 - po	아편양제제 - opioids
필요시 - sos	분열 - split
원하는대로자유롭게 - ad lib	조직 - tissue
충분하지않은양 - qns	수면 - sleep
근육내 - IM	혼미 - stupor
정맥내 - IV	느낌- feeling
정제 - tab	감각 - sensation

로션 – litions
비경구적 – parenteral
길항의 – against
안드로겐 – androgens
항안드로겐 – antiandrogens
에스트로겐 – estrogens
항에스트로겐 – antiestrogen
만성의 – chronic
급성의 – acute
선천성의 – congenital
합지증 – syndactylism
동종이식 – homograft
등지증 – isodactylism
불면증 – insomnia
탈수 – dehydration
악액질 – cachexia
영양실조 – malnutrition
소독 – disinfection
호흡 – breath
출혈 – hemorrhage
과호흡 – hyperpnea
지혈 – hemostasis
편마비 – hemiplegia
졸증 – apoplexy
위축 – atrophy
비출혈 – epistaxis
용혈 – hemolysis

선종 – adenoma
골연화증 – osteomalacia
심비대증 – cardiomegaly
방화광증 – pyromania
운동불능 – akinesia
뇌질환 – encephalopathy
장파열 – enterorrhexis
실성 – aphonia
I.M. intramuscular 근육으로
I.V. intravenous 정맥으로
I.D. intradermal 피내로
S.C. subcutaneous 피하로
p.r.n. as necessary 필요시
p.o by mouth(per os) 구강으로
AE above the elbow 팔꿈치 위
BE below the elbow 팔꿈치 아래
AK above the knee 무릎 위
BK below the knee 무릎 아래

영어 회화의 기초 문법

  영어 회화하는 데 왜 문법을 공부해야 할까? 답은 의외로 간단하다. 해석하기 위해서 공부하는 것이다.
  그런데 왜 문법이 어려운가. 그 이유는 우리말과 상이한 구조와 다른 문화가 주요 원인이라 할 수 있다.
  또한 문법을 설명한 우리말이 너무 어려운 말이라서 의사소통에 상당한 어려움을 겪게 되기도 한다.
  이에 필자는 기초 영어 회화에 필요한 주요 문법 용어를 아주 쉽게 설명 하였으니 잘 읽고 보탬이 되길 바라는 바이다.

 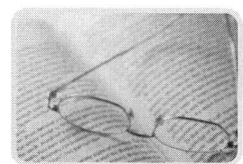 

영어 회화의 기초 문법

명사 : 사물의 명칭

대명사 : 명사 대신 쓰이는 단어

부정사 : 동사의 뜻을 기본으로 하며 다른 품사로 쓰일 때(명사, 형용사, 부사)

관계 대명사(접속사+대명사) : 두 문장을 한 문장으로 만들 때 사용한다. 주로 명사인 선행사를 수식하는 형용사 절을 이끈다.

동명사 : 동사에 ~ing를 붙여 명사적 용법으로 쓰일 경우와 능동에 용법으로 쓰일 경우가 있다.

현재분사 : 동사에 ~ing를 붙여 형용사 용법으로 쓰여 명사를 수식할 경우에 쓰인다.

과거분사 : 우리말에 없는 부분으로 형용사 역할과 피동의 용법으로 쓰인다.

완료 : 개념은 단순 과거가 아닌 현재나 과거 어느 시점까지 영향을 미칠 경우에 주로 사용한다.

가정법 : 현재 사실에 반대(가정법 과거)
　　　　　과거 사실에 반대(가정법 과거 완료)

※ 필자는 가정법 '과거, 과거완료' 라는 말이 의사전달되지 않아 '가정법 현·반, 가정법 과·반' 으로 설명한다.

동사 : 움직임을 나타내는 단어

형용사 : 명사를 수식하는 단어

부사 : 동사, 형용사, 또 다른 부사, 문장 전체를 수식하는 단어

○ 형용사, 부사는 우리말로 기억하면 이해도 쉽고 기억도 잘 된다.

※ 형용사와 부사를 구분하는 방법은 명사를 붙여봐서 말이 연결되면 형용사, 동사나 형용사 또다른 부사를 연결해서 말이 되면 부사로 판정한다.

1. 문장의 요소와 5형식

◎ 주부와 술부

Birds sing.

◎ 문장의 4요소(주어, 동사, 목적어, 보어)

※ 목적어 : → 동사의 동작 대상되는 말(직접 목적어, 간접 목적어)

※ 보어 : 동사만으로는 뜻이 불충분해서 보충하는 말(명사, 형용사)

◎ 문장의 5형식

- S+V   : I go there.(~ 은 ~ 을 한다)
- S+V+C   : His father is an engineer.(~ 은 ~ 이다)
- S+V+O   : I can speak English well.(~ 이 ~ 을 한다)
- S+V+I·O+D·O : He told us an interesting story.
                (~ 가 ~ 을 ~ 에게 ~ 해준다)
- S+V+O+C   : We call him John.(~ 이 ~ 을 ~ 라고 한다)

※ 자동사   : 목적어 불필요
  타동사   : 목적어 필요
  수여동사 : 목적어 2개 필요(Give, teach, send, tell, write, lend, show, buy, make)

※ 그럼 어떤 녀석이 각각의 역할을 할 것인가

	주어 + 목적어 + 보어			
명사	〃	〃	〃
대명사	〃	〃	〃
동명사	〃	〃	〃
to 부정사 (명사적 용법)	〃	〃	〃

※ 명사라는 말이 들어가면 모두 주어, 목적어, 보어 역할을 할 수 있다. 그러나 보어는 형용사 역할을 하는 것만 보어 역할을 한다.

보어가 될 수 있는 것 : 형용사, 현재분사, 과거분사, to 부정사의 형용사적 용법, to가 없는 원형 부정사 등이 있다. 알고 보면 모두 형용사적인 용법으로 명사를 수식하는 경우이다.

2. 8 품사

○ 품사란 : 문장을 이루는 단어의 의미와 역할(명사, 대명사, 동사, 형용사, 부사, 전치사, 접속사, 감탄사.)

※ 전치사 : 명사, 대명사 앞에 위치하여 다른 낱말과의 관계 나타냄.
　　　　　ex : The pills <u>on</u> the tray are mine.

○ 2가지 품사를 가지는 경우 :

    ex) I have a watch.(명사)
        I watch the patients.(동사)
    ex) Clean room.(형용사) : 깨끗한 방.
        Clean the room!(동사) : 방을 치워라!

3. 문장의 종류(kinds of sentence)

○ 평서문 : I am a nurse.

○ 의문문 : Am I a night shift doctor?

○ 명령문 : Close the door!

○ 감탄문 : what a pain man you are!
        How pain you are!

○ 구조상 문장 분류

    1. 단문   : 주부+술부, You are a patient.
    2. 중문   : 단문+단문,
                 I am a nurse and you are an assistant nurse.
    3. 복문   : 주절+종속절, I know that he is a doctor.

4. 구와 절(Phrase & Clause)

○ 구 : 2개 이상 단어가 모여 하나의 품사 역할을 하는 것.

(전치사 + 명사, to + 동사원형)
- 명사구   : <u>To speak</u> English is not easy.
- 형용사구 : The pills <u>on the desk</u> are mine.
- 부사구   : His hospital stands <u>on the hill</u>.

○ 절 : 주어+동사 로 구성된 문장 자체가, 품사 역할을 하는 것.

- 등위절   : He is a doctor <u>and</u> I am a nurse.
- 종속절   : 품사구실(명사, 형용사, 부사 역할)
- 명사절   : <u>What he said</u> is true.(주어)
- 형용사절 : This is the organ <u>which he sent to hospital</u>.
- 부사절   : <u>If you get a surgery</u> you will succeed.
              (when, though, because if 로 연결되는 것)

5. 명사(noun)

- 보통명사 : There are two books on the desk.(셀 수 있음)

- 고유명사 : Seoul is the Capital of korea.(셀 수 없음)

- 물질명사 : Do you like coffee or milk?
  a cup of
  a piece of
  two cups of

- 집합명사 : My family is(are) a large one(셀 수 있음)
  - 의미에 따라 단수, 복수로 쓰이는 것(family staff, committee, audience)
  - 항상 복수로만 취급하는 경우(police cattle, people : 민족이란 뜻으로 쓰일 때는 단수 취급한다.)

- 추상명사 : 사람, 동물 → "어미's"형태이나, 단어가 s로 끝나면 " ' " 만 붙인다.
  (The boy's bag;소년의 가방, the boys' books 소년들의 책들)

6. 관사(Article)

- 관사 : 형용사의 일종.

- 부정관사 : 정해지지 않은 것에 붙인다.(a, an)

- 정관사 : The(세상에 유일한 것, 서로 알고 있는 것, 서수, 최상급)

  ※ The+형용사 = 복수 보통명사, 단수명사
  추상 명사 (the old → 노인들)

  ※ 고유명사 앞에는 원칙적으로 관사를 붙이지 않으나 다음 경우에는 the를 붙인다.
  - 관공서, 공공건물(the Pogok fire station)
  - 강, 바다 (the Hngang river)
  - 산맥, 반도 (the Rocky mountains)
  - 신문, 잡지, 배 (the Yongin news)

  ※ Such, quite 다음에는 부정관사가 온다.
  You can't finish it in such a short time.
  Mrs. Kim is quite a good doctor.

  ※ All, both 다음에는 the가 온다.
  All the members went there.
  Both the brothers were brave.

※ 관사생략의 경우(동일인일 경우)

My father was a teacher and(an) doctor.

(우리 아버지는 교사이며 의사였다.)

7. 대명사

○ 대명사란 : 명사 대신 쓰는 말(5가지)

- 인칭 대명사 : I, you, he, she, we, they
- 지시 대명사 : this, that
- 의문 대명사 : who(사람), what(사람, 동물, 사물), which(사람, 동물)
- 부정 대명사 : none(복수), one(단수)
    every(단수),
    each(단수), others(복수)
    ※ 정해지지 않은 대명사
    * all 은 사람일 경우 복수로,
      사물일 경우 단수로 취급한다.
- 관계 대명사 : 접속사+대명사 who, which, that, what

※ 지시 대명사 : <u>That</u> is my father.
  지시 형용사 : Look at <u>that</u> boy.
        (boy 명사를 수식해서 형용사)
  관계 대명사 : I know a boy <u>who</u> can speak korean.
  의문 대명사 : <u>Who</u> am I?

의문 형용사 : <u>Which</u> season do you like best?
 (season 명사를 수식해서 형용사)

인칭 대명사

인칭	수 / 격		주격 (은, 는, 이, 가)	소유격 (~의)	목적격 (을, 에게)	소유 대명사 (~의 것)	재귀 대명사 (~ 자신)
1	단		I	my	me	mine	myself
	복		we	our	us	ours	ourselves
2	단		you	your	you	yours	yourself
	복		you	your	you	yours	yourselves
3	단	남	he	his	him	his	himself
		여	she	her	her	hers	herself
		중	it	its	it	its	itself
	복수		they	their	them	theirs	themselves

※ it 용법
 - 날씨, 시각, 거리, 계절, 요일 : It is raining outside.
 - 가주어, 가목적어 : It is easy to read this book.
 - It is ~ that 강조 구문 : It was Mary that I saw.

※ those who : ~ 하는 사람들
 Heaven helps those who help themselves.
 (재귀 대명사는 주어와 목적어가 동일인일 경우 사용 한다.)

8. 관계 대명사(Relative Pronoun)

○ who, which, that, what(선행사의 인칭과 수에 일치)

선행사	주격	소유격	목적격
사람	who	whose	whom
동물, 사물	which	whose, of which	which
사람, 동물, 사물	that	-	that
사물	what	-	what

○ 주격 : That is the boy who likes me.
(관계 대명사 뒤에 동사가 온다)

○ 소유격 : That is the boy and his name is Jisoo.
→ That is the boy whose name is Jisoo.
(관계 대명사 뒤에 명사가 온다)

○ 목적격 : This is the boy and I met him.
→ This is the boy whom I met.
(관계 대명사 뒤에 주어 동사가 온다)

○ what의 용법

- 선행사를 포함하며 해석은 " ~ 하는 것 "으로 한다.
  We trust what is true(what = the things that/which)

- 관계 대명사 용법

  comma 없는 경우 : 관계 대명사 뒤부터 해석.
  He had son <u>who became doctor</u>.
  (의사가 된 아들이 있었다.)

  comma 있는 경우 : 앞에서부터 해석.
  <u>He had son</u>, who became doctor.
  (아들이 있었는데, 그는 의사가 되었다.)

○ what과 that 에는 계속적 용법이 없다.

  I cannot understand what he says. (o)
  I cannot understand, what he says. (x)

○ 관계 대명사 목적격은 생략 가능.

  This is the farmer(whom) I met.

○ 관계 대명사가 전치사의 목적어 일 때 전치사를 관계 대명사 앞에 두어도 좋고, 전치사를 문장 맨 뒤에 두어도 좋다.

  There is Yongin. He lives in it.
  → There is Yongin <u>which</u> he lives in.
  → There is Yongin <u>in which</u> he lives.
  관계 부사 where로 바꿔 쓸 수 있다.

○ 복합 관계 대명사

  Whatever = no matter what(무엇이든지)
  whoever(누구든지), wherever(어디든지)
  however(어떻든지), whenever(언제든지)

9. 의문 부사, 관계 부사(Interrogative adverb)

- 의문부사 : where, when, how, why.

- 관계 부사(접속사 + 부사, when, where, why, how)

    - 선행사를 수식하는 형용사절을 이끈다.
    (선행사는 명사이고 이 명사를 수식하니 당연히 형용사 역할을 하기 때문에 형용사절이라고 하는 것이다.)
    (선행사 : 시간, 장소, 이유, 방법)

    - 전치사+관계대명사(which) 로 바꾸어 쓸 수 있다.
    This is the house. she lives there.
    This is the house and she lives in it.
    → This is the house where she lives.
    　　　　　(관계부사)
    → This is the house in which she lives.
    　　　　　(전치사 + 관계 대명사)

- 관계 부사의 comma 해석은 관계대명사와 동일
  (제한 적용법, 계속적 용법)

10. 형용사(Adjective)

- 지시 형용사(This pencil)

- 의문 형용사(What school)

- 부정 형용사(Any child)

- 수량 형용사(One, first, Half, two times)

- 부정 수량 형용사(some, any, few, little many, much)

- 형용사 위치
  - 보통 ; 관사 + 부사 + 형용사 + 명사 순

- 수량 형용사 읽는 법
  - 수 : a few, many
  - 양 : a little, much

○ 소수 읽는 법

2.99   two point nine nine
.02   point zero two

○ 분수 읽는 법

$\frac{1}{2}$ a half
$\frac{1}{4}$ a fourth
$\frac{3}{4}$ three-fourths
$\frac{2}{3}$ two-thirds

※분자가 2 이상일 경우 분모 서수에 s를 붙인다.

○ 수학 기호 읽는 법

$+$	plus
$-$	minus
$\times$	times, multiplied by, of
$\div$	divided by
$=$	equals
$\neq$	is not equal to
$\fallingdotseq$	approximately equals
$>$	is much greater than
a^2	a square(or squared)
a^3	a cube(or cubed)
a^4	a raised to the fourth
$\sqrt{a}$	the square(or second) root of a
$\sqrt[3]{a}$	the cube(or third) root of a

○ 수식 읽는 법

3+5 = 8	Three plus five equals eight
	Three and five are eight
5−3 = 2	five minus three equals two
	five take away three leaves two
	Three from five leaves two
2x2 = 4	Two times two equals four
10÷2 = 5	Ten divided by two equals(is) five

◎ 비교급(원급, 비교급, 최상급)

- 규칙변화 : er, est,를 어미에 붙인다.
- 단모음 + 자음으로 끝나는 말은 그 어미의 자음을 한 번 더 써주고 er, est를 붙인다.(hotter, bigger)
- 자음 + Y는 Y를 i로 고쳐 er, est를 붙인다.
- 대다수의 2음절과 3음절 이상의 긴 형용사는 more most를 붙인다.(useful, difficult, interesting)

○ 불규칙 변화

- good, well, many much, ill, bad.
- little – less – least.
- late – later – latest(시간)
  latter – last (순서)
- far – further – furthest(정도)
  farther – farthest(거리)

11. 부사(Adverb)

○ 종류

- 단순 부사, 의문부사, 관계부사(very, soon, here, carefully)
- 부사 ; 형용사 + ly(quick –quickly)
- 명사 + ly : 형용사(love →lovely, friend → friendly)
- 형용사 = 부사(long, hard, early, fast, enough)
- 부사 + ly = 다른 뜻으로 해석되는 부사
  (high → 높게, highly → 매우, near → 가까이,
  nearly → 거의, late → 늦은, lately → 최근에,
  hard → 어려운, hardly → 거의 ~ 하지 않다.)

○ 부사의 비교 변화 : 최상급 앞에 the를 안 붙인다.
early – earlier – earliest, quickly – more ~, most ~.

12. 동사의 시제(Tense)

- 현재, 과거, 과거분사
- 규칙 동사와 불규칙 동사
- 단모음 + 자음 → 자음 겹쳐 쓰고 "ed"를 붙인다.
  (stop – stopped, beg – begged,
  admit – admitted, visit – visited)
- ie로 끝나면 "ie" → "y" 로 고쳐 "ing"를 붙인다.
  (die – dying, lie – lying)
- 단모음 + 자음
  (swim – swimming, run – running,
  begin – beginning, refer – referring)
- 첫음절에 악센트가 있으면 자음을 겹쳐 쓰지 않는다.
  (visit – visiting)

◎ 시제의 종류

- 기본 시제 : 현재 : I am a nurse.
  　　　　　　과거 : I was a nurse.
  　　　　　　미래 : I <u>will be</u> a nurse.

- 완료 시제 : 현재 : I <u>have just come</u> back home.
  　　　　　　과거 : I finished the book
  　　　　　　　　　which you <u>had given</u> me.
  　　　　　　미래 : I <u>will have arrived</u> in Yongin.

- 진행 시제 : I <u>am studying</u> English.
     I <u>was studying</u> English.
     I <u>will be studying</u> English.
     I <u>have been studying</u> English.

※ 완료 시제(아래 4 가지로 해석 한다)

- 현재완료 = have(has) + P. P
 완료 : I <u>have finished</u> homework.
 경험 : I <u>have been</u> to Wonsam.
 계속 : I <u>have lived</u> Yongin.
 결과 : I <u>have lost</u> my watch.

- 과거 완료 = had + P. P(과거 시작 해서과거에 끝난 일들)
- 미래 완료 = will have + P. P(~ 하고 있을 것이다.)

※ 진행 시제(ex : I write a letter.)

- 현재 진행형(I <u>am writing</u> a letter.)
- 과거 진행형(I <u>was writing</u> a letter.)
- 미래 진행형(I <u>will be writing</u> a letter.)
- 현재 완료 진행형(I <u>have been writing</u> a letter.)
- 과거 완료 진행형(I <u>had been writing</u> a letter.)
- 미래 완료 진행형(I <u>will have been writing</u> a letter.)

13. 조동사(Auxiliary verb)

◎ do(조동사와 본동사, 대동사로 쓰인다.)
  - 의문문과 부정문에 쓰인다 : <u>Do</u> you love me?
  - 강조 : I <u>do</u> love you.
  - 대동사 : Yes, I <u>do</u>(동사 대신에 쓰인다.)

◎ can = be able to

◎ must(have to)
  필요, 의무 : You <u>must</u> go.
  강한 추측 : He <u>must be</u> a doctor.

◎ need 의 부정 → need not, have to 의 부정 → don't have to.

◎ may
  허가 : May I go ER?
  추측 : He may not come back to OR.
  기원 : May you live long.

○ will, shall 용법.

단순 미래 → 모두 will 사용.

의지 미래

인칭	평서문	의문문
1	will	shall
2	shall	will
3	shall	shall

○ should

당연, 의무(~ 해야 한다) : ought to보다 뜻이 약함.

You should study medical terms hard.

○ would

- 과거의 습관(~ 하곤 하였다)

  He would often get up in the midnight.

- 정중한 부탁

  Would you open the door?

- 간절한 희망

  I would like to go home.

- 강한 거절(~ 하려고 하지 않았다)

  He would not go there instead of me.

○ ought to

- 의무(~ 해야 한다) We ought to help one another.
- ought to do 의 부정은 ought not to do.

  You ought not to say such a thing.

◎ used to
　- 과거의 습관(~ 하곤 하였다)
　　He used to take a walk every morning.
　- 과거의 계속적 상태(한때 ~ 했었다)
　　I used to live in seoul.

14. 수동태(Passive voice)

◎ 주어가 동작을 하면 능동, 동작을 받으면 수동(피동).

◎ 형식(be + 과거분사 + by)
　I visited him. → He was visited by me.

◎ 시제
　현재　　　　A letter(is) written by him.
　과거　　　　　(Was)
　미래　　　　　(will be)
　현재 완료　　(has been)
　과거 완료　　(had been)
　미래 완료　　(will have been)
　현재 진행　　(is being)
　과거 진행　　(was being)

15. 부정사(Infinitive)

◎ 동사의 뜻을 기본적으로 갖지만 다른 품사 역할을 할 때 쓰인다

◎ 형태 : to + 동사의 원형.
   * 원형 : 현재형이며 be동사는 현재형이 am, is, are가 있으므로 원형 'be'를 쓰기 때문에 '동사의 원형'이란 말을 쓰는 것이다.

◎ 명사적 용법 : To study medical terms is difficult.

◎ 형용사적 용법 : Give me something to eat.
   (something 명사를 꾸며주니 형용사)

◎ 부사적 용법
   - 목적 He came to see me.
     (came 동사를 꾸며주니 부사)
   - 원인 I am glad to see you.
     (glad 형용사를를 꾸며주니 부사)
   - 이유 I am foolish to say so.
     (foolish 형용사를 꾸며주니 부사)
   - 결과 I grew up to be a brave soldier.
     (grew up 동사를 꾸며주니 부사)
   - 조건 I will be happy to go with you.
     (happy 형용사를 꾸며주니 부사)

* 꾸며주는 것을 알고 싶으면 말을 연결 해 보면 안다.
  말이 되면 꾸며 주는 것이다.

◦ 원형 부정사(to 생략)
  - 지각 동사 뒤(see, hear, watch, feel)
    I saw them swim in the river.
  - 사역동사(Let's go)
  - 수동태로 되면 to가 살아난다.
    I saw him go out → he was seen to go out by me.
  - 원형 부정사 사용 관용구
    (had better : ~ 하는 게 좋겠다,
    cannot but : ~ 하지 않을 수 없다)
    she seems to be rich → It seems that she is rich.
    she seemed to be rich → It seems that she was rich.

16. 동명사(Gerund)

- 명사의 역할(주어, 목적어, 보어)

- 동명사만 목적어로 취하는 동사
  (아데프 엠지케이 아이씨피알)
  (다음의 동사 다음에는 동명사가 반드시 온다는 뜻)

* 외우는 법
귀머거리(deaf)가 몇(m)키로(kg)인지 선전(pr)해야 해.
알았어(I see). 라고 외운다.

○ 부정사만 목적어로 취하는 동사(패싸움마)

(다음의 동사 다음에는 TO 부정사가 반드시 온다는 뜻)

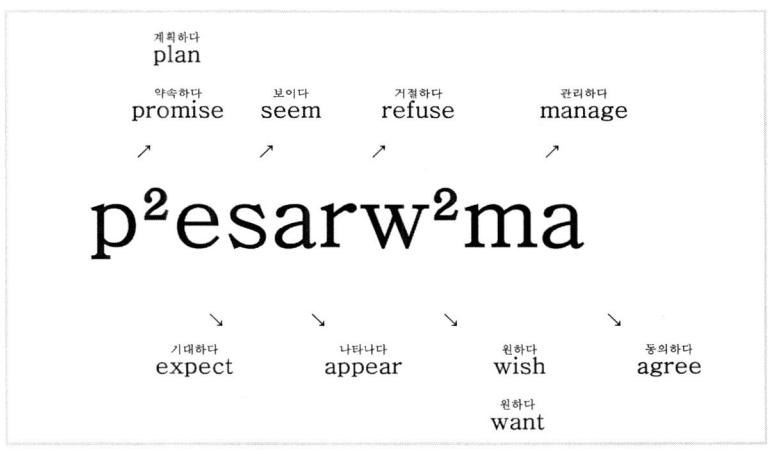

○ 둘 다 목적어로 취하는 동사

love, like, hate, begin, continue.

17. 분사(Participle)

– 현재 분사(~ ing) : 형용사 역할, 능동 상태를 나타냄.

a <u>sleeping</u> car 침대차(동명사),
a <u>sleeping</u> baby 잠을 자고 있는 아기(현재분사).

- 과거 분사(~ed): 형용사 역할, 수동태, 완료형.

I am bored, interested, exited.

18. 가정법(Subjunctive Mood)

- 가정법 현재 – 현재, 미래 단순 가정
  If he comes, I will go there with him.

- 가정법 미래 – 현재, 미래 강한 의심, 있을 수 없는 일.
  If should rain tomorrow, the party would(should) not be held.

- 가정법 과거 – 현재 사실 반대를 가정할 때
  If I were rich, I could buy a car.
  (would, should, could, might)

- 가정법 과거 완료 – 과거 사실의 반대되는 일을 가정 하는 경우
  If~ had + P.P,(would, should, could, might) + have + P.P
  If he had worked harder, he could have succeeded.

19. 접속사(Conjunction)

○ 등위 접속사(and, but, or, for, so, both)

○ 종속 접속사(주절, 종속절 → 명사절, 부사절)

○ 명사절 이끄는 접속사 : that, whether, if.

○ 부사절 이끄는 접속사 : when, because, as, while, if, before, after.

○ 형용사 이끄는 접속사 : 관계 대명사, 관계부사.
  관계 부사 : This is the house where he lives
  관계 대명사 : This is the house which he lives in.

○ so : 그래서, 그러므로.
  - I have no money, so I can't buy the book.
  - both A and B(둘 다)
  - not only A but also B = B as well as A

20. 전치사(Preposition)

- 전치사의 목적어는 목적격이 되어야 한다.
  (전치사 다음에 나오는 명사나 대명사가 목적어다)
  Listen to me carefully. Look at her

- 전치사의 목적어가 동사 일 때는 동명사를 쓴다.
  Thank you for coming.

병원 회화 필수 기본형(50개)

1. I'm gonna + 동사

I'm going to의 약자로 가까운 미래에 계획된 일을 한다는 표현이다. gonna 다음에는 동사를 연결하여 표현한다.

I'm gonna take a job.	직장을 구할 거야.
make a girl friend.	여자 친구를 사귈 거야.
check in the hospital.	병원에 입원할 거야.
eat out.	나가서 먹을 거야.
take part in	참석할 거야.

2. How're you gonna + 동사~?

'넌 어떻게 할 건데?' 라는 표현으로 상대방의 의견을 묻는 표현이다. 물론 gonna 다음엔 동사의 원형이 온다.

How're you gonna operate it?	어떻게 수술할 건데?
cook it?	어떻게 요리할 건데?
hack it?	어떻게 해낼 건데?
sneak in?	어떻게 잠입할 건데?
pay back?	어떻게 갚을 건데?

3. I'm getting + 형용사

점점 어떤 상태로 진행되는 의미이며 '점점 ~하다' 라고 해석한다.

I'm getting better.	점점 좋아지고 있어.
sick.	점점 몸이 안 좋아.
tired.	점점 피곤한데.
annoyed.	점점 짜증나는데.
bored.	점점 지루해져.

4. I wanna + 동사 / 명사

wanna는 2가지 뜻을 가지고 있다.
'want to' 일 땐 동사의 원형이 오고,
'want a' 일 경우 명사가 온다.

I wanna go to bed.	자고 싶어.
study medical terms.	의학용어 공부하고 싶어.
be a doctor.	나 의사가 되고 싶어.
take a rest.	좀 쉬고 싶어.
quite smoking.	담배 끊고 싶어.
I wanna baby.	아기를 갖고 싶어.
my own business.	내 사업을 하고 싶어.
better deal.	더 나은 거래를 하고 싶어.
bigger house.	더 큰집을 갖고 싶어.
perfect plan.	완벽한 계획을 원해.

5. I need to + 동사

'~할 필요가 있다' 라는 일반 동사 뜻의 need이며,
조동사로서의 need 활용도 연습해야 한다.

I need to get some food.　　음식 좀 구해야겠어.
　　　　　get some fresh fish.　좋은 생선 좀 구해야겠어.
　　　　　get out of here.　　　여기서 나가야겠어.
　　　　　be in the shade.　　그늘에 좀 있어야겠어.
　　　　　get some more.　　좀 더 필요해.

6. I'd like to + 동사

like 는 동사의 뜻과 전치사로서의 뜻이 있다.
각각 '좋아하다', '~ 같이' 라고 해석된다.
당연히 to 다음에는 동사 원형이 온다.

I'd like to buy you a gift.　　선물 사주고 싶어.
　　　　confess of my love.　　고백하고 싶어.
　　　　try that suit.　　　저 양복 입고 싶어.
　　　　be a doctor.　　　의사가 되고 싶어.
　　　　be in your shoes.　네 입장이 되고 싶어.

7. Let's get(go) + 형용사 / 명사

'~하자' 라는 뜻으로 's' 는 'us' 의 약자다.

let's get drunk.	취해 보자.
laid.	같이 자자.
full.	많이 먹자.
clean.	깨끗이 하자.
pretty.	예쁘게 하자.
Let's go halves.	반반씩 내자.

8. Do you have any + 명사~?

상대방에게 해줄 수 있는 것을 물을 때 사용한다.

Do you have any changes?	잔돈 있니?
light?	시간 있니?
words?	할 말 있니?
real estate?	부동산 있니?
kids?	애들 있니?

9. I gotta + 동사

gotta 는 'have got to' 의 약자인데 'have' 를 생략하고,
발음 나는 대로 기록한 표현이다.
즉, 'have to' 의 뜻으로 이해하면 된다.
물론 다음에는 동사의 원형이 온다.

I gotta go.	가야 해.
take a cab.	택시 잡아야 돼.
know what to do.	어떻게 해야 될지 알아야 돼.
let her go.	그녀를 놔줘야 해.
have some food.	음식 좀 먹어야 해.

10. I've never heard + 명사

'들어 본적이 없어' 라고 해석하며, 어떤 내용을
처음 들을 때 사용한다.

I've never heard your marriage.	네가 결혼한 줄 몰랐어.
his talk.	그가 말하는 걸 본 적이 없어.
that news.	저런 뉴스는 처음 들어.
that heavy snow.	저런 폭설은 처음이야.
that child.	그런 애는 처음 들어봐.

11. Have you had(been)+ 명사~?

'~했니?' ',' '~한 적 있었니?'

Have you had a lot of food?   음식 많이 먹었니?
         fight with wife?   처랑 싸웠니?
         her clean the bed?   침대 정리 시켰니?
         some drinks?   술 마셨니?
         trouble operating?   수술하는 데 문제 있었니?

12. It's been ~ since + 시점

'~이래로 ~한 상태야'

It's been better since the investment.
         투자 이후 좋은 상태야.
         peaceful since quit drinking.
         술 끊고 집안 분위기가 좋아.
         more healthy since working out.
         운동하고부터 더 건강해지고 있어.
         happy since we got married.
         우리 결혼 후부터 행복해.
         getting better since operation.
         수술 후부터 점점 좋아지고 있어.

13. How long + 의문문

'얼마나 오래 걸리니?'

How long have you been in this hospital?
　　　　　병원에 근무(입원)한지 얼마나 됐어요?
　　　　　will you stay here?
　　　　　여기 얼마동안 계실 겁니까?
　　　　　does operation take?
　　　　　수술 얼마나 걸려요?
　　　　　is it?
　　　　　얼마나 길어?
　　　　　has it been since the blow-up?
　　　　　대판 싸운 지 얼마나 됐니?

　　　　　*blow-up : 대판 싸우다

14. You must've + 과거분사

'~한 게 분명해'

You must've studied English.   넌 영어공부 한 게 틀림없어.
         worked in the clinic.   의원에 근무한 게 틀림없어.
         tried something to eat.   너는 뭐 먹은 게 틀림없어.
         stolen some money.   돈을 훔친 게 틀림없어.
         been in sick.   넌 아팠던 것 같아.

15. You should have + 과거분사

'~ 했어야 했어'
가정법 과거와 같이 해석한다.(과거 사실의 반대)

You should have studied English hard.
         넌 영어를 더 열심히 했었어야 했어.
         opened your own shop.
         넌 네 가게를 열었어야 했어.
         locked house.
         집은 잠갔어야 했어.
         shopped some food.
         넌 음식을 좀 샀어야 했어.
         called me earlier.
         넌 좀 더 일찍 전화 했어야만 했어

16. You know what + 동사, 절?

'그거 알아?'

You know what makes me crazy?
내가 뭐 때문에 열 받는 지 알아?
I collected?
내가 뭘 모았는지 알아?
she wanted me to do?
그녀가 나한테 뭘 원하는지 알아?
who I met?
내가 누굴 만났는지 알아?
what to do?
뭘 해야 하는지 알아?

17. Sanitary

'위생의, 위생적인'
* Sanitation : 공중위생

Sanitary conditions in the hospitals are quite important.
병원들의 위생 상태는 매우 중요하다.
It's not sanitary to let bugs come near food.
벌레들이 음식에 모이는 것은 비위생적이다

18. Remedy

'치료, 고치다'

A good sleep would be the best remedy for your health.
잠을 잘 자는 것은 건강의 최고의 치료다.
Those pills don't provide good remedy for this injury.
이 약들은 이 상처에 좋은 효능이 없다.
Such super bacteria are beyond remedy.
그러한 슈퍼 박테리아는 치료가 불가능하다.

19. Dose

'약 1회분의 복용량'

Take one dose of this medicine one time a day.
하루에 한번 이 약을 1회 드세요.
How many doses do I take every day?
매일 몇 번 복용을 해야 하나요?
That amount of pills are a fatal dose.
그만큼의 알약은 치사량이다.

*sleeping tablets : 수면제

20. Surgeon

'외과의사'

* surgery : 외과, surgical : 외과의, physician : 내과의사

Your condition is serious and needs a surgery.
당신의 상태는 심각하며, 수술이 필요합니다.

21. Prescribe

'처방을 하다'
* prescription : 처방전

Do I prescribe you that symptom?
그 증상에 대해 처방해 드릴까요?
Please prescribe me the same pills.
같은 알약으로 처방해 주세요.
Let me take prescription please.
처방전 좀 주세요.

22. Let me know + 명사절/명사

'알려줘'

Let me know what's going on.
어떻게 돼 가고 있는지 알려줘.
what happened.
무슨 일인지 알려줘.
what is told.
무슨 내용인지 알려줘.
what dose it mean.
무슨 뜻인지 알려줘.
the result.
그 결과 좀 알려줘.

23. Hygiene

'위생, 위생법'
* hygienics : 위생학

The patients are cured in very hygienic condition.
그 환자들은 아주 위생적인 조건에서 치료됩니다.
All hospital most be in good hygienic condition.
모든 병원은 좋은 위생조건을 갖추어야 합니다.

Have you learned hygienics?
위생학 배운 적 있니?
All of us must keep the public hygiene.
우리 모두는 공중위생을 지켜야 한다.

24. Faint

'기절, 기절하다, 희미한'
* feint : 속이는 행동(철자가 다른 뜻의 단어)

I heard a faint sound from her.
난 그녀로부터 희미한 소리를 들었다.
I fell down in a faint.
난 기절해서 쓰러졌다.
triumph is very faint.
승리의 가능성은 희박하다.

25. Why didn't you tell + 명사?

'~라고 말하지 그랬어?'

Why didn't you tell him you were off?
비번이라고 말하지 그랬어?
me your fault?
왜 네 잘못이라고 말 안했어?
me you're right?
네가 옳다고 말하지 그랬어?
them you didn't do that?
네가 한 게 아니라고 말하지 그랬어?

26. Lunatic

'정신 이상의, 미치광이'
* lunatic asylum : 정신병원

You have lunatic personality.
너는 정신 이상의 성격을 갖고 있다.
She sometimes does lunatic activities.
그녀는 때때로 괴상한 행동을 한다.
Don't say those lunatic words.
정신없는 소리하지 마.

27. I was told to + 동사

'난 ~하라는 얘기를 들었어'

I was told to listen to the class.
　　　　　　그 수업을 들으란 소리를 들었어.
　　　　　　get to there ASAP.(as soon as possible)
　　　　　　그곳에 가능한 빨리 도착하라고 들었어.
　　　　　　check out of hotel.
　　　　　　호텔을 빨리 나오라고 들었어.
　　　　　　take off.
　　　　　　이륙하라는 얘기를 들었어.
　　　　　　go to the army.
　　　　　　군대 가라는 소리를 들었어.

28. Infection

'공기?물에 의한 감염, 전염'
* infectious : 전염성의

Sterilize all instrument to protect from infection.
감염으로부터 보호하기 위해 모든 도구를 소독해라.
Swine flu are infectious.
신종 플루는 전염성이 있다.

Don't make infectious condition.
전염하기 쉬운 환경을 만들지 마라.
We, human being, are to much.
우리 인류는 너무 전염성이 강하다.

29. I think we should + 동사

'~을 해야 해'

I think we should go now.
　　　　　　우린 지금 가야 해.
　　　　　　play it later.
　　　　　　나중에 경기해야 해.
　　　　　　kick him out.
　　　　　　그를 내보내야 해.
　　　　　　let it clean.
　　　　　　우린 그거 깨끗이 해놓아야 해.
　　　　　　eat something now.
　　　　　　우리 지금 뭐 좀 먹어야 해.

30. It's time + 부정사 / 절

'~할 때야'

It's time to go.
　　　　가야 할 때야.
　　　　to eat.
　　　　먹을 때야.
　　　　to operate.
　　　　수술할 때야.
　　　　we study.
　　　　공부할 때야.
　　　　we take a break.
　　　　좀 쉴 때야.

31. Delicate

'허약한, 우아한, 정교한'
* a delicate operation : 정밀한 수술

My wife is very delicate in health.
우리 처는 몸이 아주 약하다.
glasses are very delicate.
유리는 아주 깨지기 쉽다.

operation is at a very delicate stage.
수술이 아주 어려운 단계에 와 있다.

32. You think I meant to + 동사

'네 말은 내가 ~했단 말이야?'

You think I meant to say that?
                내가 그렇게 말했단 말이야?
                eat alone?
                나 혼자 먹었단 말이야?
                break it?
                내가 망가트렸단 말이야?
                keep it?
                내가 가지고 있단 말이야?
                take it from you?
                내가 너한테 빼앗았단 말이야?

33. Contagion

'접촉성 전염병'
* contagious : 전염성의

Government said there is no chance of contagion.
정부는 전염 가능성이 없다고 발표했다.
Swine flu has the swift contagion.
신종 플루는 빠르게 확산될 수 있다.
Swine flu is highly contagious.
신종 플루는 아주 전염성이 강하다.

34. I feel like ~ing.

'~하고 싶은 기분이야'

I feel like dancing.
　　　　춤추고 싶어.
　　　　drinking.
　　　　술 마시고 싶어.
　　　　flying.
　　　　날고 싶어.
　　　　writing.
　　　　글 쓰고 싶어.
　　　　riding a horse.
　　　　말 타고 싶어.

35. Have you seen + 명사?

'본 적 있니?'

Have you seen this before?
　　　　　이거 전에 본 적 있니?
　　　　　doctor Lee?
　　　　　이 선생님 봤니?
　　　　　Hippocratic oath?
　　　　　히포크라테스 선서 본 적 있니?
　　　　　the movie 'Avatar'?
　　　　　아바타 영화 본 적 있니?
　　　　　operation instruments?
　　　　　수술도구 본 적 있니?

36. I'm looking at + 명사 / 동명사

'~할까 고민 중이야/~라고 기대하고 있어'

I'm looking at getting out of the army.
　　　　　제대할까 고민 중이야.
　　　　　buying a new car.
　　　　　새 차를 장만할까 생각 중이야.

building a big house.
큰집을 지을까 생각 중이야.
studying medical terms.
의학용어를 공부할까 생각 중이야.
making a lot of money.
많은 돈을 벌려고 하고 있어.

37. Acute

'예리한, 급성의'

My wife has an acute sense of smell.
우리 처는 예리한 후각을 갖고 있다.
She is suffering from acute appendicitis.
그녀는 급성 맹장염을 앓고 있다.

*Acute angle : 예각(수학에서 직각보다 작은 각)

38. Would you mind -ing ~ 명사 ?

'~해도 되겠니?'

Would you mind opening the window?
창문 좀 열어도 될까요?
not smoking here?
담배 좀 안 피우면 안 될까요?
taking your shoes off?
신발 좀 벗으면 안 될까요?
speaking down a little?
좀 작게 말하면 안 될까요?
cleaning your room?
방 좀 깨끗이 하면 안 될까요?

39. I'm sorry for + 명사 / 동명사

'~해서 미안해/안 됐어'

I'm sorry for not coming to your party.
네 파티에 참석 못해서 미안해.
not buying a gift.
선물 못 사서 미안해.
eating too much.
너무 많이 먹어서 미안해요.
not helping you.
도와주지 못해서 미안해.
not protecting you.
너를 지켜주지 못해서 미안해.

40. Epidemic

'유행병, 유행성의'

Our country has recently been an epidemic of swine flu.
우리나라는 최근의 신종 플루 유행병이 퍼졌다.

41. Plague

'전염병, 페스트'

Many countries suffered plagues in the past.
과거의 많은 나라가 전염병을 겪었다.
Be careful the plagues nowadays!
요즘 전염병 조심하세요!
Is the swine flu a plague?
신종 플루도 전염병인가요?

42. Sting

'찌르다, 쏘다, 심한 고통'

Does the bee die without stinger?
벌이 침 없으면 죽나요?
I was stung on my head by a bee.
난 머리에 벌을 쏘였다.
The country IT is in sting of hunger.
아이티 나라는 굶주림의 고통에 처해 있다.
We have many stinger missiles.
우리 많은 스팅거 미사일을 가지고 있다.
hey bee! don't sting me.
헤이 벌아! 나 쏘지 마.

43. I'd appreciate it if you could + 동사

'~한다면 고맙겠어'

I'd appreciate it if you could stop smoking.
네가 담배를 끊어 준다면 고맙겠어.
wash dishes.
네가 설거지를 해준다면 고맙겠어.
clean the room.
네가 방을 청소한다면 고맙겠어.
keep the due date.
네가 마감일을 지켜준다면 고맙겠어.
obey me.
네가 내말을 듣는다면 고맙겠어.

44. I wish + 절(가정법 과거, 과거 완료)

'~라면 정말 좋겠어'

I wish I were an doctor.
    내가 의사라면 좋겠어.
    I had lived in Yongin.
    내가 용인에 살았었으면 좋았을 텐데.
    (과거 사실의 반대 : 가정법 과거 완료로 해석)
    I won the competition.
    내가 경쟁에서 이겼으면 좋겠어.
    you were a merry christmas.
    네가 행복한 크리스마스가 되었으면 좋겠어.
    I could pass the exam.
    난 시험에 붙었으면 좋겠어.

45. I'm sure(that) + 절

'난 ~를 확신해'

I'm sure it's not true.
    그것이 사실이 아니라고 확신해.
    you are right.
    난 네가 옳다고 확신해.

that you didn't mean it.
난 네가 그런 의미로 했다고 생각하지 않아.
it was your best.
난 그것이 너의 최선이었다고 생각해.
doctor will come soon.
선생님이 곧 오실 거예요.

46. Make sure + 절/동사

'반드시 ~해'

Make sure you take her home.
그녀를 집에 반드시 데려다 줘.
let he clean his room.
그가 반드시 방을 치우도록 해.
she get ready the operation.
그녀가 반드시 수술을 준비하도록 해.
they come to hospital on time.
그들이 제 시간에 반드시 병원에 오도록 해.
it is perfect.
반드시 완벽해지도록 해.

47. It sounds like + 절 / 명사

'~처럼 들려'

It sounds like you don't like me.
　　　　　　네가 나를 안 좋아한다는 소리로 들린다.
　　　　　　great.
　　　　　　굉장한데.
　　　　　　there is nothing?
　　　　　　아무것도 아니란 말이야?
　　　　　　you can't join us?
　　　　　　가입 할 수 없단 말이야?
　　　　　　you bought your own car?
　　　　　　네 차를 샀단 말이야?

48. It's easy to + 동사

'~하는 게 쉬워'

It's easy to get to early.
　　　　　　일찍 가는 건 쉬워.
　　　　　　win the game.
　　　　　　그 게임에서 이기는 건 쉬워.

learn English.
영어를 배우는 건 쉬워.
go to the hospital.
병원 가는 건 쉬워.
persuade him.
그를 설득하는 건 쉬워.

49. It's good for me to + 동사

'난 ~하는 게 좋아'

It's good for me to take a part in operation.
난 수술에 참여하는 게 좋아.
give up.
그만 두면 난 좋아.
ride a bike.
난 자전거를 타는 게 좋아.
eat out.
외식 하는 게 좋아.
stay at home.
난 집에 있는 게 좋아.

50. What am I supposed to + 동사?

'내가 할 게 뭐야?'

What am I supposed to do?
     내가 할 일이 뭐야?
     to get ready?
     내가 준비해야 될 게 뭐야?
     cook?
     내가 요리해야 될 게 뭐야?
     to assist?
     내가 도와줘야 할 게 뭐야?
     to buy?
     내가 사야할 게 뭐야

전치사의 날개(20개)

전치사는 문장에 있어서 동사가 100m 단위로 표현한다고 가정 할 때 1m 단위를 세분화시켜 상세히 설명하는 역할을 한다. 특히, 그 기능은 단순한 듯하지만 어떤 때는 동사의 의미로 해석하는 것이 자연스러울 때도 있다.

즉, 우리말에 동사가 2개 들어갈 때 중요한 동사는 원래 뜻의 동사를 사용하고 나머지 동사의 뜻은 전치사로 대체할 수도 있다. 아무튼 전치사는 '시간, 공간, 거리, 물리적, 화학적, 은유적, 비유적으로' 자유로우며 근본의 뜻을 이해하고 응용하기를 권장한다.

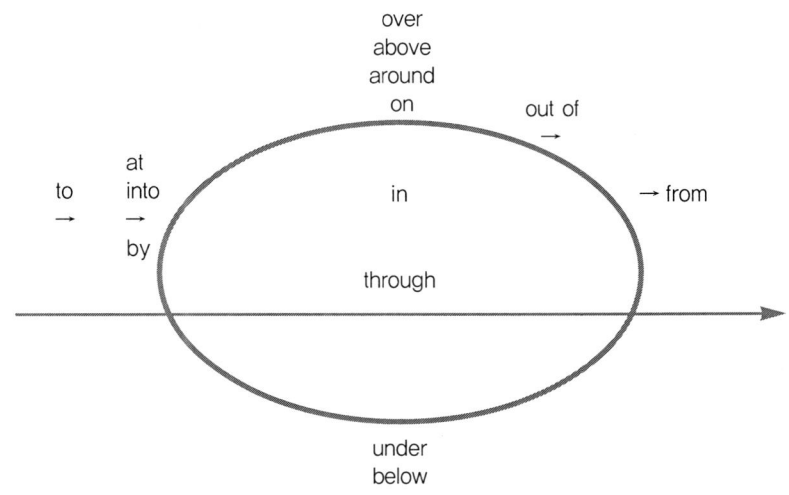

1. about ~에 관하여, ~ 주변에, 대략

ex) He looked about to find his book.
그는 책을 찾으러 여기저기 둘러보았다.

2. after ~뒤에, ~후에

ex) I ate dinner after dark.
나는 어두워진 후에 저녁을 먹었다.

3. against ~와 대항하다, ~에 반대하다

ex) She leaned against the post.
그녀는 기둥에 기댔다.

They fought against the enemy.
그들은 적에 대항해서 싸웠다.

4. around ~둘레에

ex) I put on a belt around my waist.
나는 벨트를 허리에 맸다.

5. at ~에(시간/장소), ~을 향해

ex) At night you couldn't go out.
밤이 되면 너는 밖에 나갈 수 없다.

look at me!
나를 봐!

6. away 원점에서 멀리, 없어지다, 떨어지다

ex) Take this away.
이거 다른 데로 치워.

Icecream melted away.
아이스크림이 녹아서 없어졌다.

It is located 40Km away.
40Km 떨어진 곳에 있다.

7. before ~전에

ex) I had met him five years before.
나는 그녀를 5년 전에 만났었다.

8. beyond 저쪽 멀리, ~을 넘어

ex) The birds flew beyond the mountain.
새들은 저 산 넘어 날아갔다.

We are going beyond a game.
우린 게임의 정도를 지나치고 있다.

9. by ~에까지, ~옆에

ex) Come back home by five.
5시까지 집에 와라.

There is a big tree by the gate.
정문 옆에 큰 나무가 있다.

10. down ~꺼지다, ~아래로, 나갔다, 내려지다.

ex) The electricity is down.
전기가 나갔다.

All windows were down.
모든 창문이 내려져 있었다.

11. for ~을 향해, ~을 위해, ~ 동안, ~에 비해

ex) He is thin for his height.
그는 키에 비해 마른 편이다.

There were 20 bottles of beer for him.
그가 마시도록 맥주 20병이 있었다.

12. from ~로부터, ~와 분리되다, ~에서 벗어나다.

ex) From grasshopper she liked me.
그녀는 어릴 때부터 날 좋아했었다.

His idea were far from point.
그의 생각은 대화 초점에서 벗어나 있었다.

He saved her from alcoholic.
그는 그녀를 알코올 중독에서 벗어나게 했다.

13. in ~의 안에, ~에서, ~으로

ex) My friend was in anger.
내 친구는 화가 나 있었다.

He sat in deep thought.
그는 생각에 깊이 잠겨 앉아 있었다.

I will pay in cash.
현금으로 지불할게.

14. into ~의 안으로

ex) Put your hand into the gloves.
　　장갑을 손에 끼워봐라.

15. of ~에서, 명사끼리 연결할 때

ex) They got out of the army.
　　그들은 육군에서 제대했다.

That was a nasty smell of animal.
그건 정말 역겨운 동물 냄새다.

16. off ~에서 떨어지다, ~을 그만두다, ~으로 살아가다

ex) He used to fall off from the tree.
　　그는 나무에서 떨어지곤 했다.

I can not be off from smoking.
나는 담배를 끊을 수가 없다.

The man is worse off.
그 남자는 상황이 더 안 좋다.

17. on ~의 위에, ~에게로, ~상태로, ~을 근거로

ex) There's a smudge on your suit.
너의 양복에 얼룩이 있다.

He smiled on me.
그는 나에게만 미소를 지었다.

The air is on.
지금은 방송 중이야.

I did it on purpose.
나는 고의로 그렇게 했다.

The subject is still on.
그 논제는 아직도 검토 중이다.

18. out ~의 밖, 사라지다/나타나다

ex) Take it out.
밖에 내다 놔라.

The machine is out of order.
기계가 고장 났다.

I will carry out that.
저걸 실천하고야 말거야.

We're tired out.
우리는 완전히 지쳤다.

19. out of ~의 밖, ~에서부터,

ex) Get out of here!
나가!

The kids did it out of curiosity.
어린이들은 호기심 때문에 그렇게 했다.

20. over ～의 위, ～를 덮다, ～가 끝나다

ex) adults of 25 and over only. 25세 이상의 성인만.
　　Take a cloth over the table. 식탁보로 식탁을 덮어라.
　　Go over the recipe! 요리법을 꼼꼼히 익혀라!

* 참고로 음식 맛을 말할 때는
　　How does it taste? 맛이 어떻습니까?
　　My mouth is watering. 군침이 도는군요.
　　It's better than I expected. 생각보다 맛있군요.
　　This food doesn't suit my taste. 이건 제 입맛에 안 맞아요.

It's delicious. 아주 맛있어요.　　　　It's hot(spicy) 매워요.
　tasty. 맛있어요.　　　　　　　　　sour. 시큼해요.
　sweet. 달콤해요.　　　　　　　　　fresh. 신선해요.
　tasteless. 맛이 별로 없어요.　　　　stale. 신선하지 않아요.
　bland. 싱거워요.　　　　　　　　　tender. 연해요.
　mild. 순해요.　　　　　　　　　　tough. 겨요.
　disgusting. 구역질나요.　　　　　　sticky. 끈적끈적해요.
　fishy. 비린내 나요.　　　　　　　　fatty. 기름기가 많아요.
　bitter. 써요.　　　　　　　　　　　lean. 기름기가 없어요.
　salty. 짜요.

---

* 조미료 ; seasoning

틀리기 쉬운 포인트

1. 목적어는 필요 없으나 보어가 필요한 동사를 '불완전 자동사'라고 하는데 마치 동사를 수식하는 것처럼 보이기도 하며 우리말로는 부사로 해석되므로 부사로 착각하는 경우가 많다. 반드시 보어 역할을 할 수 있는 형용사로 써야 한다.

ex) look, feel, smell, sound, seem, taste, grow, stand, go, turn, come, die.

- He looks happy(○)
  He looks happily(×)

come loose	느슨해지다	come easy	편해지다
go wrong	잘못되다	go bald	대머리가 되다
go crazy	미치다	grow old	나이 먹다
grow fat	살찌다	grow rich	부유해지다
run dry	마르다	run wild	난폭해지다

run high	거칠어지다	turn red	빨개지다
turn green	창백해지다, 질투하다	get drunk	술에 취하다
get better	나아지다	get dressed	옷을 입다.

2. 목적어가 필요한 타동사와 목적어가 필요 없는 자동사를 알고는 우리말로는 자동사 같은데 타동사이고 타동사 같은데 자동사인 것들이 있는데 전치사가 딸려오는 자동사인 경우와 목적어가 바로 오는 타동사로 구분이 되니 잘 기억하기 바람.

○ 자동사 같은 타동사(전치사를 붙이면 안 됨)

approach	접근하다	access	처리하다
contact	접촉하다	attend	참석하다
consult	상의하다	join	가입하다
marry	결혼하다	accompany	동행하다
match	연결되다	mention	언급하다
resemble	닮다	oppose	반대하다
reach	닿다		

ex) They reached the station.(○)
　　They reached at the station.(×)

● 타동사 같은 자동사(전치사가 온다)

graduate from	졸업하다	object to	반대하다
complains of	불평하다	deal with	다루다
insist on	주장하다	wait for	기다리다

ex) He always complains of a bad luck.(○)
　　He always complains a bad luck.(×)

3. 철자가 혼동되는 동사

find – found – found	발견하다(타동사)
found – founded – founded	설립하다 (타동사)
lie – lay – lain	놓여있다, 눕다(자동사)
lie – lied – lied	거짓말하다(자동사)
lay – laid – laid	놓다, 눕히다(타동사)
bear – bore – born	태어나게 하다(타동사)
bear – bore – borne	지니고 있다, 참다(자동사)
hang – hung – hung	걸려있다(자동사), 걸다(타동사)
hang – hanged – hanged	교수형에 처하다(타동사)

sit – sat – sat	앉다, 놓여있다(자동사)
seat – seated – seated	앉히다(타동사)
fall – fell – fallen	떨어지다(자동사)
fell – felled – felled	넘어뜨리다(타동사)
wind – wound – wound	구부러지다(자동사) 감다(타동사)
wound – wounded – wounded	상처 입히다(타동사)

4. 우리말 표현은 수동태형이지만 동사가 자동사 여서 수동태로 쓰면 안 되는 동사들.

advance	나아가다	appear	나타나다
apply	적용되다	consist of	구성되어 있다
consist in	놓여있다	disappear	사라지다
fail	실패하다	settle down	안정되다
start	시작하다		

5. 본뜻 이외에 아주 다른 뜻을 가진 동사들

address	호칭하다, 전하다	become	어울리다
betray	드러내다	better	개선하다
claim	(생명을) 빼앗다	count	중요하다
culture	양식하다	do	쓸 만하다
employ	이용하다	identify	동일시하다
make	되다	meet	충족시키다
offend	감정을 상하게 하다	pay	이익이 되다
quate	견적하다	reason	추론하다
suggest	암시하다	stand	(가격이) ~이다
tell	구분하다		

6. 진행 시제를 사용할 수 없는 동사들

지속성을 갖지 않은 일시적 상황은 진행 시제가 가능하지만
She is having a good time right now.(진행시제 가능)
아래 단어는 진행형을 쓰지 않는다.

have, belong, like, hate, know, believe, remember, taste, smell, see, hear, be, remain, seem, exist.

7. 특정한 전치사를 동반하는 동사

● to를 사용하는 동사

award	수여하다	bring	가져오다
do	하다	gran	허락하다
owe	빚지다	pay	지불하다
sell	팔다	show	보여주다.

● for를 사용하는 동사

build	짓다	buy	사다
do	베풀다	get	갖다 주다
leave	남기다	make	만들다
order	주문하다	win	얻다

● of를 사용하는 동사

ask   묻다

8. 어떤 특정 때를 묻는 의문사 when, what time이나 과거 시점을 나타내는 ago, yesterday 등은 현재 완료와 함께 쓰지 않는다.

When did he die?(○)
When has he died?(×)

9. 수동태일 경우 전치사 by를 통상 쓰지만 by 이외의 전치사를 쓰는 수동태 형.

be frightened of	~을 무서워하다.
be covered with	~으로 덮여있다.
be known for	~으로 유명하다.
be known to	~에게 알려지다.
be known as	~으로 알려지다.
be made of	~으로 만들어지다.
be concerned about	~을 걱정하다.
be surprised at	~에 놀라다.
be filled with	~으로 가득 차다.

10. 수동태로 혼동하기 쉬운 자동사.
    우리말로는 수동태로 해석이 되지만 실제 영어에서는 수동태로 쓰이지 않는 동사들이 있다. 즉 우리말로 해석을 능동과 수동으로 해야 하는 동사들이다.

look	보이다	appear	~인 것처럼 보이다.
seem	~처럼 보이다	sound	~하게 들리다.
happen	일어나다	fall	떨어지다
resemble	닮았다	consists of	구성된다

The pen fell to the floor(○)

The pen was fallen to the floor(×)

You resemble your father(○)
You are resembled by your father(×)

The team consists of five men(○)
The team is consisted of five men(×)

> 11. to 부정사와 동명사의 수동태
>   to부정사와 동명사의 수동태는 간단한 것 같으면서도 혼동된다.

ex) to invite 초대하는 것(능동)
  to be invited 초대받는 것(수동)

  taking advantage of 이용하는 것(능동)
  being taken advantage of 이용당하는 것(수동)

> 12. 우리말로는 ' ~에게 ~을 하다.' 라고 해석되어 4형식 동사 같지만 실제로는 3형식 동사인 것이 있다. 즉 목적어 하나만 필요하고 4형식 동사처럼 간접 목적어 직접 목적어가 필요로 하지 않는 동사이다.(당연히 뒤쪽 단어와 전치사로 연결되어야 한다.)

suggest A(to B) B에게 A를 제안하다.
provide A with B A에게 B를 제공하다.

remind A of B A에게 B를 상기시키다.
inform A of B A에게 B를 알리다.

13. 동명사만을 목적어로 취하는 동사(문법란 참조)

suggest	제안하다	risk	위험을 무릅쓰다
resist	저항하다	recommend	추천하다
recall	회상하다	quit	그만하다
practice	연습하다	postpone	연기하다
mind	꺼리다	give up	포기하다
finish	끝내다	escape	탈출하다
enjoy	즐기다	dislike	싫어하다
discontinue	중단하다	deny	부인하다
delay	연기하다	consider	고려하다
complete	완성하다	avoid	회피하다
appreciate	감사하다	admit	인정하다

14. 부정사만을 목적어로 취하는 동사(문법란 참조)

agree	동의하다	allow	허락하다
decide	결정하다	expect	기대하다

refuse	거절하다	want	원하다
plan	계획하다		

---

15. 과거 불규칙적인 습관을 의미하는 Would와 used to + 동사원형의 차이점

- Would ~하곤 했다.(과거의 습관적인 동작)
  현재 상태와 관계없음.

- used to + 동사원형 ~하곤 했다.
  현재는 그렇지 않다는 뜻 포함.

---

16. should / must

의무감에 있어서 우리말 해석은 must가 강한 뜻을 가지고 있다. 하지만 자기 생각을 표현하는 데 있어서 완료 시제와 같이 쓰일 경우(have + p. p) 우리말로 확실하게 다르게 해석된다.

She should have studied English hard.
너는 영어를 열심히 공부 했어야만 했다.
가정법 과거 완료로 해석(과거 사실의 반대)

You must have studied English hard.
너는 영어를 열심히 공부했음이 틀림없다.
강한 자신의 확신으로 해석한다.

17. will / be going to~
be going to는 예정된 일로서 곧 할 일이고, will은 예정되어 있진 않지만 본인의 의지로서 할 일을 의미한다. 또한 미래의 의미를 표현하는 관용 표현들이 있는데 그 의미를 명확히 할 필요가 있다.

◎ be about to + 동사원형 : 막~하려 하다.(곧 일어날 일)

The FLIGHT is about to take off.
비행기가 이제 막 이륙하려고 한다.

◎ be to + 동사원형 : ~할 예정이다.(공식 일정이나 행사)

the government is to cut funding for the arts
정부는 예술 부문 예산을 삭감할 예정이다.

◎ be due to + 동사원형 : ~하기로 되어 있다.(예정)

The plane is due to arrive at 5 o'clock.
그 비행기는 5시 도착 예정이다.

18. used to + 동사원형, be used to + 동명사,
    be used to + 동사원형

She used to paint big pictures. 그녀는 큰 그림을 그리곤 했다.(~ 하곤 했다. 과거의 습관으로 해석한다.)

She is used to painting big pictures.
그녀는 큰 그림을 그리는데 익숙하다.
(used는 형용사(=accustomed)로서 '~ 하는 데 익숙하다' 라고 해석한다)

This small brush is used to paint small pictures.
이 작은 붓은 작은 그림을 그리는 데 사용된다.
(단순한 수동태 문장)

19. by / until

You must be here by six. 너는 6시까지 여기 와야 한다.
(다른 일을 보든 뭐하든 시간에 오면 되는 것이고)

you must be here until six 너는 6시까지 여기 있어야 한다.
(다른 일을 보러 나가도 안 되며 계속 있어야 한다는 뜻)

○ by와 함께 쓰는 동사

finish   마치다   get it done   끝내다
complete   완성하다   deliver   배달하다

○ until과 함께 쓰이는 동사

delay 연기하다. postpone 미루다. wait 기다리다.

20. too much / very much

too much는 형용사로서 명사를 수식하고(too much money)
very much는 부사로서 동사, 형용사를 주로 수식한다.
(very much hungry) 너무 많이 배고픈

21. 조동사 need, dare, had better.

○ need
본동사로는 '필요 하다' 라는 뜻으로 쓰이지만 조동사로 쓰일 경우 밑에 문장과 같이 주어가 3인칭 단수일 경우라도 동사에 's' 나 'es'를 붙이지 않는다.

Need she go? 그녀가 갈 필요가 있나요.
She need not go. 그녀는 갈 필요가 없다.

○ dare

Dare she fly the flight?
그녀가 감히 비행기를 조종할 수 있을까?

She dare not fly the flight
그녀는 비행기를 조종할 용기가 없다.

○ had better

had better 자체가 조동사로 쓰이며 had는 have의 과거형이 아니라는 점을 명심해야 한다.(이렇듯 문법이나 자체 단어 뜻에 크게 연연하지 않으면서 어떤 특정한 뜻을 지닌 것을 '관용구' 라 한다)

It's late. You had better go to bed.
늦었네. 자는 게 좋겠다.

You had better not come again.
다시 오지 않는 게 좋을 거야.

(again 은 발음에 유의한다.
'어게인' 이 아니고 '어겐' 이다.)

22. ago / before

ago는 현재 시점을 기준으로 '전에' 라는 뜻이고 before는 과거 시점을 기준으로 '전에' 라는 뜻이다. 그러므로 ago는 과거 시제에 before는 과거 완료 시제에 쓰인다.

ex) I had met her six years before.(○)
나는 그녀를 6년 전에 만난 적이 있었다.
I had met her six years ago.(×)

I met him three hours ago.(○)
나는 그를 3시간 전에 만났다.
I met him three hours before(×)

23. the number of / a number of

정관사 the와 부정관사 a의 차이는 알다시피 정해진 것은 정관사 the를 쓰고 정해져 있지 않은 것은 부정관사 a를 쓴다. 따라서 the number of의 뜻은 숫자의 크기가 얼마가 되든지 간에 그 숫자 하나를 단수 취급하나 a number of는 '많다' 는 복수 뜻을 가지고 있으므로 복수 취급한다.('a' 로 인한 혼란 주의.)

ex) The number of dolls is 200. 인형의 개수는 200개이다.
A number of dolls are in the shop. 상점에는 많은 인형이 있다.

24. before long / long before
    before long은 '머지않아'의 뜻으로 미래 시제와 과거 시제에 사용되고, long before는 '훨씬 이전'의 뜻으로 주로 과거완료 시제에 사용된다.

ex) He will come before long.
    조금 있으면 그녀가 올 것이다.

   He had died long before she died.
   그는 그녀가 죽기 오래전에 죽었다.

25. 집합 명사는 복수, 단수 취급한다.
    police, cattle, people, family
    단, family가 단위 가족으로 쓰일 때는 단수 취급하고 people 이 '민족'이란 뜻으로 쓰일 때는 단수 취급한다.

My family are five. 우리 가족은 다섯이다.

The police are here. 경찰이 여기 와 있다.

26. 고유 명사, 추상명사, 물질명사

- 고유 명사 : 사람이름, 지명 등 첫 글자는 반드시 대문자로 쓰고 일반적으로 관사를 안 붙인다.

ex) Korea, Yongin, Hangang 등

- 추상명사 : 구체적인 형태가 없는 추상적인 개념
  항상 단수로 취급하며 관사를 붙이지 않음.

ex) happiness, wisdom, time 등

- 물질명사 : 일정한 형태가 없는 물질을 나타내는 명사
  a(n)을 붙일 수 없고 복수형으로 쓸 수 없다.

ex) wood, paper, milk, rice 등

27. most / the most
the most는 형용사로 쓰여 명사를 수식하고 most는 부사로 쓰인다.

ex) He has the most ships in korea.
그는 한국에서 가장 많은 배를 가지고 있다.

I like music most.
나는 음악을 가장 좋아한다.

28. 재귀 대명사의 용법

◉ 주어와 목적어가 동일인일 때 재귀 대명사를 사용한다.

'개그 콘서트'에 보면 'I love me'라는 잘못된 표현이 나오는데 'I'와 'me'는 동일인이기 때문에 이 경우 me는
재귀대명사 myself로 써야 한다.

◉ 의미를 강요하기 위해서 재귀대명사를 쓸 수 있다.

I cleaned it myself. 내가 직접 다 치웠다.

29. yet

- 첫 번째는 긍정문에는 'already'를, 부정문과 의문문은 'yet'를 사용하는데 완료형일 경우 그 의미가 다르다.

ex) Have you arrived yet? 아직 도착 안 했니?
    Have you arrived already? 벌써 도착했니?

- 두 번째는 'yet'이 'have to' 사이에 들어갈 때, 의무적으로 시행되어야 될 사안이 진행이 안 된다는 뜻으로 해석한다.

ex) The class has yet to start.
    그 수업은 아직 시작도 안 되었다.(수업은 되어야 함)

- 세 번째는 'yet' 앞에 'and'가 쓰일 때에는 우리말로는 '그렇지만'이라고 해석한다.

ex) It was first time and yet I did it well. 처음이었지만 잘해냈다.

- 네 번째는 '때문에'이라는 접속사의 뜻으로 해석한다.

ex) Yet for some mistakes, I failed it. 실수 때문에 난 실패했다.

- 마지막으로 'another'와 같이 쓰일 때, one 하나, another 다른 하나, yet another 또 다른 하나의 뜻으로 쓰인다.

30. both, either, neither

○ both는 복수 취급하며, 우리말 해석은 '둘 다'의 뜻이다.

We need food and water. both are equally invaluable.
우리는 음식과 물이 필요하다. 둘 다 굉장히 소중하다.

○ either는 단수 취급하며, 둘 중에서 '어느 하나'를 의미한다.

Either of you two will join us.
이 학생 둘 중 어느 한쪽만이 가입할 수 있다.

○ nither는 단수 취급하며, 둘 중 '어느 것도' 아니다.

Neither of the two restaurants is clean.
이 두 식당중 어느 한쪽도 깨끗하지 않다.

31. 형용사 부사형이 같고 'ly'를 붙여 다른 뜻으로 해석되는 단어.

dear	비싼 / 비싸게	dearly	사랑스럽게
deep	깊은 / 깊게	deeply	매우
hard	단단한 / 쎄게	hardly	좀처럼 ~않다
high	높이 / 높게	highly	꽤
late	늦은 / 늦게	lately	최근에

32. 형용사에 'ly' 가 붙어 부사 뜻과 또 다른 뜻으로 해석되는 단어.

bad 나쁜	-	badly 나쁘게 / 몹시
bare 벌거벗은 드러내놓고 / 겨우		
present 현재의	-	presently 현재 / 곧
rare 드문	-	rarely 드물게 /좀처럼 ~ 않다.

33. the + 형용사

the + 형용사는 복수 명사, 단수명사, 추상명사의 의미를 갖는다.

○ 복수명사(복수 보통 명사)

the rich	부자들
the old	늙은이들
the blind	장님들

○ 단수명사

the former	전자
the deceased	고인

○ 추상명사

the beautiful	아름다움
the supernatural	초자연적인 것
the unreal	실재하지 않는 것

34. 단수, 복수가 다른 뜻의 단어.

accommodation 융통	−	accommodations 숙박시설
advice 충고	−	advices 안내, 통보
authority 권한	−	authorities 당국
color 색상	−	colors 깃발
content 만족	−	contents 목차
custom 관습	−	customs 세관
damage 손해	−	damages 손해액
earning 획득	−	earnings 소득
effect 영향	−	effects 물건
facility 쉬움	−	facilities 시설
feature 특징	−	features 용모
good 이익	−	goods 상품
letter 편지	−	letters 문학
manner 방법	−	manners 예절
mean 평균	−	means 수단
measure 치수	−	measures 조치
moral 교훈	−	morals 도덕
odd 홀수의	−	odds 불화
pain 고통	−	pains 수고
premise 전제	−	premises 건물 내
provision 공급	−	provisions 식량
quarter 4 분의 1	−	quarters 숙소
regard 배려	−	regards 안부인사
saving 절약	−	savings 저축

term 기간	—	terms 조건
time 때	—	times 시대
water 물	—	waters 해역
work 일	—	works 공장

35. 관계대명사 'that' 을 쓰는 경우

- 선행사가 only, all 등의 수식을 받을 때

- 선행사가 최상급, 서수 등의 수식을 받을 때

- 선행사가 사람+동물, 사람+사물일 때

- 선행사가 something, anything, nothing 등일 경우.

36. 비슷하지만 뜻이 다른 단어들

casual 우연한
comprehensible 이해 빠른
considerable 상당한
contemptible 경멸받을 만한
desirable 바람직한
imaginary 가상의
individualism 개인주의
installation 설치, 시설
intellectual 이지적인
judicial 사법의
literary 문학의
momentary 순간적인
negligible 사소한
original 원래의
portable 휴대용의
practicable 실행 가능한
respectable 훌륭한
respecting ~에 관해
regrettable 유감스러운
sensible 현명한
tolerable 참을 수 있는

causal 원인의
comprehensive 포괄적인
considerate 남을 배려하는
contemptuous 경멸하는
desirous 바라는
imaginative 상상력 풍부한
individuality 개성
installment 할부
intelligible 알기 쉬운
judicious 현명한
literal 문자의
momentous 중대한
negligent 태만한
originative 독창성이 있는
potable 마실 수 있는
practical 실용적인
respectful 예의 바른
respective 각각의
regretful 후회하는
sensitive 예민한
tolerant 관대한

37. wish / as if

> 'wish'는 '~을 소망하다'는 뜻이며, 'as if'는 '마치 ~인 것처럼'의 뜻이다. 둘의 공통점은 가정법 과거와 가정법 과거 완료로 사용된다는 점이다.

ex) I wish I were rich man.
(가정법 과거 : 현대사실의 반대)
내가 부자였으면 어떨까.

I wished I had been rich man.
(가정법 과거 완료 : 과거 사실의 반대)
내가 부자였다면 어땠었을까.

She talks as if she were rich.
(가정법 과거 : 현대 사실의 반대)
그녀는 부자인 것처럼 이야기한다.

She talked as if she had been rich.
(가정법 과거 : 현대 사실의 반대)
그녀는 부자였었던 것처럼 이야기했다.

38. to부정사와 동명사의 과거형

She seems to be rich.
그녀는 행복한 것처럼 보인다.

She seems to have been rich
그녀는 행복 했었던 것처럼 보인다.(to 부정사의 과거)

She is ashamed of being a sales woman.
그녀는 영업사원인 것을 부끄러워했다.

She is ashamed of having being a sales woman.
그녀는 영업사원이었던 것을 부끄러워했었다.

> 39. 도치란 영어의 어순(주어, 동사)이 바뀌는 것을 말하며, 4가지 경우로 요약 가능하다.

- 같은 의견을 표현할 때

  So am I.(문장이 be 동사일 경우)
  So do I.(문장이 일반 동사일 경우)

- never 나 only가 문장의 처음에 올 경우

  Never did I try this food. 이 음식은 먹어보지 못했다.
  Only then did I hear. 그때 나는 들었다.

- 형용사구 나 부사구 가 문장의 앞에 올 경우

  So ridiculous did it seem.
  너무 우스꽝스럽게 보였다.

  Beyond the mountain lies my house.
  저산 너머에 나의 집이 있다.

- 가정법에서 if가 생략된 경우 주어 동사가 도치된다.

  Were she my wife. 그녀가 내 아내였다면.

40. to는 부정사에 쓰이는 경우와 일반적인 전치사로의 to 용법이 있다. 부정사로 쓰일 때에는 동사 원형이 오지만, 전치사로 쓰일 때에는 동명사가 와야 한다. 전치사 to를 쓰는 대표적인 예.

be opposed to	~에 반대하다.
come close to	거의 다할 뻔하다.
look forward to	~을 매우 기대하다.
object to	~에 반대하다.
be busy -ing	~하는 데 바쁘다.
be worth -ing	~할 만한 가치가 있다.
cannot help -ing	~하지 않을 수 없다.
come near -ing	거의 ~할 뻔하다.
feel like -ing	~하고 싶은 기분이 들다.

해외 파견 의료진을 위한 군사용어
(Military English)

영화를 보다보면 전쟁을 소재로 한 영화를 자주 접하게 된다. 영어는 물론 어근과 접미사, 접두사가 어떤 특정한 뜻을 지녀서 합성되어 특정한 뜻을 나타내기도 하지만 근본적으로 일부 한자를 이용하는 우리나라 언어와 달리 그 어휘가 유추하기 힘든 전문용어가 많다는 뜻이다. 이로 인해 영어권 모국어 사용자들도 영어 단어를 모르는 경우가 종종 있다. 예를 들어 '상륙 작전 : amphibious operation' 이란 단어는 군사용어를 교육받지 못한 일반인들에게는 'landing operation' 란 단어로 통용되고 있다.

이러한 이유로 영화에서 'amphibious operation' 란 단어가 나오면 알아들을 수가 없는 것이다. 필자가 '라이언일병 구하기 : Saving Private Ryan' 영화를 보던 중 번역자가 장군들 대화 장면 중 'KIA(killed in action) : 전사자' 를 '실종자 : MIA(missing in action)' 로 잘못 해석한 것을 발견할 수 있었다. 참고로 전상자는 WIA(wounded in action)라고 한다. 군 계급 번역에 또한 오류가 많이 발견되며 특히 국가 간 군사 작전은 연합군, 육해공 군사 작전은 합동

군, 같은 군 내에서의 군사작전은 협동군(포병, 보병)이라고 해석해야 옳다.

따라서 전쟁 상황별로 자주 등장하는 군사 용어를 정리하였다. 전쟁 영화를 통한 영어 향상에 좀 더 보탬이 되길 바란다.

해외 파견 의료진을 위한 군사용어

squad drill	분대 훈련
fall in	집합하다
drill ground	연병장
sergeant	하사, 중사, 상사, 원사
noncom	부사관
basic training	기초(군사) 훈련
dress right, dress!	우로나란히!
ready, front	바로
right, face!	우향우!
about, face!	뒤로 돌아!
squad, attention!	분대차렷!
at ease!	쉬어!
fall out!	헤쳐!
couble time, march!	뛰어갓!
halt!	제자리섯!
line	횡대
column	종대
column of twos	열종대
in place, double time, march!	제자리 뛰어갓!

dismissed	해산하다
rifle range	(소총) 사격장
barracks area	막사지역
safety regulations	안전수칙
private	이등병
inspected	검열하다
set out	시작되다
firing practice	사격 연습
live ammunition	실탄
adjust the rifle	소총을 조정하다
varying ranges	상이한 사거리
align the sights	조준선 정렬하다
take aim	조준하다, 겨냥하다
corporal	상병
firing line	사선
rounds of ammunition	탄약
loading and locking	장진 및 잠금
trigger	방아쇠
missed	못 맞추다
bull's eye	흑점
fixed targets	고정표적
moving targets	이동표적
guardhouse	위병소
camouflage	위장
concealment	은폐
orientation by map and compass	지도 및 나침반으로 길 찾기
assumed a firing position	사격자세를 취하다

cover	엄폐
terrain features	지형지물
reconnoiter	정찰하다
a mobile field mess	이동 야외 취사
off duty	근무가 끝나다, 비번이 되다
mounted guard	경계를 나가다, 보초를 서다
reserve	예비
the assembly area	집결지
reconnaissance patrol	수색정찰대
objective	목표
foxholes	개인호
prevented from aiming	조준이 방해되다
deploy	전개하다
casualties	사상자
machine gun nest	기관총좌
maneuver element	기동부대
close combat	근접전투
hand grenades	수류탄
bayonets	대검, 총검
counterattack	역습
reassembling	재집결하다
firepower	화력
headquarters and headquarters company	분부 및 본부중대
weapons company	화기 중대
company	소총 중대
recoilless refle platoon	무반동총 소대

pin the enemy don	적을 고착 시키다
crew-served weapons	공용 화기
heavy machinegun	중 기관총
light machinegun	경기관총
antitank missile launchers	대전차 미사일 발사기
individual weapons	개인화기
portable	휴대용
rate of fire	발사율
ammunition resupply	탄약 재보급
high explosive shells	고폭탄
illuminating shells	조명탄
manuals	교법
security	경계
effective range	유효사거리
combat order	전투명령
retrograde operations	후퇴 작전
key terrain features	중요 지형지물
avenues of approach	접근로
subordinate elements	예하부대
engage the enemy	전과 교전하다
main attack	주공
night attack	야간 공격
supporting attack	조공
attacking echelon	공격제대
capture	점령
higher headquarters	상급사령부
concentration	집중

surprise	기습
flexibility	융통성
audacity	대담성
keystone	기초, 유지
disrupt and neutralize	와해시키고 무력화시키다
fire superiority	화력 우세
deception operation	기만 작전
complement	보완하다
preparation	공격 준비사격
contingencies	우발상황
reconnaissance in force	위력 수색
exploitation	전과 확대
pursuit	추격
main body	주력부대, 본대
covering force	엄호부대
advance guard	전 위
flank security force	측방 경계부대
rear security force	후방 경계부대
hasty attack	급속 공격
deliberate attack	정밀 공격
final objective	최종 목표
attacking force	공격 부대
combat support element	전투 지원부대
exploitation	전과 확대
airmobile forces	공중기동 부대
cut off	차단하다
annihilate	섬멸 하다

disengagement	전투이탈
demoralization	사기 저하
enveloping force	포위 부대
casualty	사상자
penetration	돌파
infiltration	침투
concentration	집중
breakthrough	적진돌파
defensive operation	방어작전
artificial obstacles	인공장애물
surprise attack	기습공격
nuclear munition	핵무기
chemical munition	화학무기
modern warfare	현대전
defensive area	방어 지역
security area	경계 지역
reserve area	예비대 지역
general outpost	일반 전초
combat outpost	전투 전초
conventional fire	재래식 화력
mobile defense	기동방어
area defense	지역방어
priority	우선권
retrograde operation	후퇴 작전
movement of a command	부대의 이동
detachment left in contact	잔류 접촉 분견대
withdrawal	철수

extricate	구출하다
decentralize	근접전투
security forces	경계부대
chief of staff	참모장
assistant	보좌관
general staff	일반참모
special staff	특별참모
personnel officer	인사장교
personnel management	인사관리
manpower management	인력관리
development and maintenance of morale	사기의 양양 및 유지
preventive measures	예방책
maintenance of discipline, law, and order	군기, 군법 및 질서의 유지
military intelligence	군사정보
counterintelligence	방첩
area of operation	작전지역
assignment	예속, 지정
attachment	배속
supply	보급
maintenance	정비
transportation	수송근무
logistics officer	군수장교
monitor	감독하다
requisition	청 구
real estate	부동산

food service	급양근무
fire protection	소방업무
roger	수신완료
out	교신끝
flight leader	편대장
reconnaissance and patrol battalion	수색대대
win the first battle	초전필승
armistice line	휴전선
major roads	주요도로
artillery battalions	포병대대
two-story buildings	2층집
mine-fields	지뢰지대
enlistedmen	사병
vehicles	차량
C F C(combined forces command)	한미연합사

The Hippocratic Oath: Classical Version

I swear by Apollo Physician and Asclepius and Hygieia and Panaceia and all the gods and goddesses, making them my witnesses, that I will fulfill according to my ability and judgment this oath and this covenant:

To hold him who has taught me this art as equal to my parents and to live my life in partnership with him, and if he is in need of money to give him a share of mine, and to regard his offspring as equal to my brothers in male lineage and to teach them this art—if they desire to learn it—without fee and covenant; to give a share of precepts and oral instruction and all the other learning to my sons and to the sons of him who has instructed me and to pupils who have signed the covenant and have taken an oath according to the medical law, but no one else.

I will apply dietetic measures for the benefit of the sick according to my ability and judgment; I will keep them from harm and injustice.

I will neither give a deadly drug to anybody who asked for it, nor will I make a suggestion to this effect. Similarly I will not give to a woman an abortive remedy. In purity and holiness I will guard my life and my art.

I will not use the knife, not even on sufferers from stone, but will withdraw in favor of such men as are engaged in this work.

Whatever houses I may visit, I will come for the benefit of the sick, remaining free of all intentional injustice, of all mischief and in particular of sexual relations with both female and male persons, be they free or slaves.

What I may see or hear in the course of the treatment or even outside of the treatment in regard to the life of men, which on no account one must spread abroad, I will keep to myself, holding such things shameful to be spoken about.

If I fulfill this oath and do not violate it, may it be granted to me to enjoy life and art, being honored with fame among all men for all time to come; if I transgress it and swear falsely, may the opposite of all this be my lot.

Translation from the Greek by Ludwig Edelstein. From *The Hippocratic Oath: Text, Translation, and Interpretation*, by Ludwig Edelstein. Baltimore: Johns Hopkins Press, 1943.

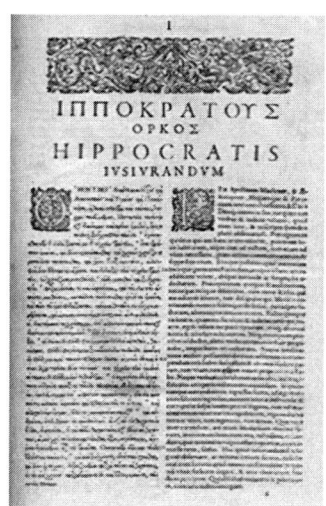

Few medical schools today require students to recite the classical version of the oath.

The Hippocratic Oath: Modern Version

I swear to fulfill, to the best of my ability and judgment, this covenant:

I will respect the hard-won scientific gains of those physicians in whose steps I walk, and gladly share such knowledge as is mine with those who are to follow.

I will apply, for the benefit of the sick, all measures [that] are required, avoiding those twin traps of overtreatment and therapeutic nihilism.

I will remember that there is art to medicine as well as science, and that warmth, sympathy, and understanding may outweigh the surgeon's knife or the chemist's drug.

I will not be ashamed to say "I know not," nor will I fail to call in my colleagues when the skills of another are needed for a patient's recovery.

I will respect the privacy of my patients, for their problems are not disclosed to me that the world may know. Most especially must I tread with care in matters of life and death. If it is given me to save a life, all thanks. But it may also be within my power to take a life; this awesome responsibility must be faced with great humbleness and awareness of my own frailty. Above all, I must not play at God.

I will remember that I do not treat a fever chart, a cancerous growth, but a sick human being, whose illness may affect the person's family and economic stability. My responsibility includes these related problems, if I am to care adequately for the sick.

I will prevent disease whenever I can, for prevention is preferable to cure.

I will remember that I remain a member of society, with special obligations to all my fellow human beings, those sound of mind and body as well as the infirm.

If I do not violate this oath, may I enjoy life and art, respected while I live and remembered with affection thereafter. May I always act so as to preserve the finest traditions of my calling and may I long experience the joy of healing those who seek my help.

Written in 1964 by Louis Lasagna, Academic Dean of the School of Medicine at Tufts University, and used in many medical schools today.

Upon graduation, many medical students take a modern version of the oath written by Louis Lasagna in 1964.

히포크라테스 선서문

이제 의업에 종사할 허락을 받음에,

나의 생애를 인류봉사에 바칠 것을 엄숙히 서약하노라.

나의 은사에 대하여 존경과 감사를 드리겠노라

나의 양심과 위엄으로서 의술을 베풀겠노라

나의 환자의 건강과 생명을 첫째로 생각하겠노라

나의 환자가 알려준 모든 내정의 비밀을 지키겠노라

나는 의업의 고귀한 전통과 명예를 유지하겠노라

나는 동업자를 형제처럼 여기겠노라

나는 인류, 종교, 국적, 정당, 정파 또는 사회적 지위 여하를

초월하여 오직 환자에 대한 나의 의무를 지키겠노라

나는 인간의 생명을 그 수태된 때로부터 지상(至上)의 것으로

존중히 여기겠노라.

비록 위협을 당할지라도 나의 지식을 인도에 어긋나게 쓰지 않겠노라.

이상의 서약을 나의 자유의사로 나의 명예를 받들어 하노라.

월 회비 2만원으로 개인 영어 교사를 갖자!

개인 영어 주치의

- 회비 : 월 2만원
- 전화로 가입 후 번호를 부여 받는다.(010-3851-3419)
  (기업은행 23903755601017 채대석)
- 발음, 영어 회화, 문법 등 뭐든지, 언제든지 전화로 문의